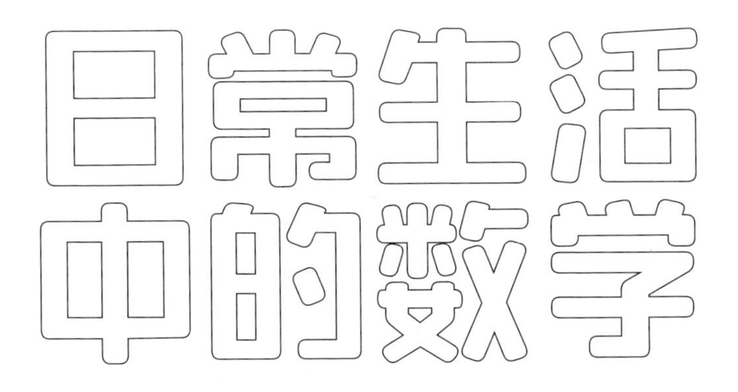

田霞　著

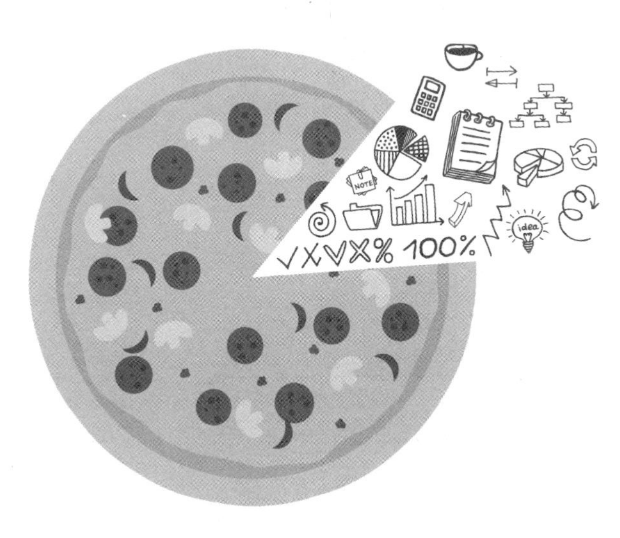

中国纺织出版社有限公司

内 容 提 要

对于许多受过数学考试之苦的人来说，提起数学，或许总有种如鲠在喉的不悦。然而，在生活中，数学化身成为各种形式，不仅巧，而且美。相信阅读这本书的读者将会领略到数学之美，了解到数字、公式图形的魅力。

本书分为 4 章。先讲算法之妙——令人着急的排队问题中也有大学问；其次讲算术之巧——用小技巧心算、速算两位数乘法；再讲几何之美——万物万状，但蕴含着相似的规律；最后讲概率之奇——从一维数字，到三维天地，概率的巧妙运用可以帮助你解开生活中的诸多难题！

图书在版编目（CIP）数据

日常生活中的数学 / 田霞著.--北京：中国纺织出版社有限公司，2023.7

ISBN 978-7-5229-0514-3

Ⅰ.①日… Ⅱ.①田… Ⅲ.①数字—普及读物 Ⅳ.①01-49

中国国家版本馆CIP数据核字（2023）第068029号

责任编辑：郝珊珊　　责任校对：高　涵　　责任印制：储志伟

中国纺织出版社有限公司出版发行

地址：北京市朝阳区百子湾东里A407号楼　邮政编码：100124

销售电话：010—67004422　传真：010—87155801

http://www.c-textilep.com

中国纺织出版社天猫旗舰店

官方微博 http://weibo.com/2119887771

天津千鹤文化传播有限公司印刷　各地新华书店经销

2023年7月第1版第1次印刷

开本：880×1230　1/32　印张：5.5

字数：136千字　定价：55.00元

前言

吃薯片时，你有没有观察过薯片的形状？为什么薯片要做成这样的形状呢？发电厂的冷却塔和广州电视塔（小蛮腰）有什么相似之处呢？大海里的海螺、陆地上的蜗牛，它们的壳为什么如此相像呢？

日常生活中，数学知识随处可见。从简单的结账，到复杂的股票分析；从排队的公平性，到爬山的速度问题；从使用最少的资源建造美观的建筑，到规划最远大的梦想……数学就在我们的身边。了解和掌握数学知识，我们的生活会更加充满乐趣、充满智慧。

在这本书中，笔者从一些简单易懂的日常知识和现象入手，介绍了一些数学问题。不必担心，这是一本简单易懂的科普书。在编写案例的过程中，笔者尽量做到由简到难、通俗易懂，既保证有趣，又保证实用。大部分内容不涉及“烦人”的数字或运算，有高中数学基础的读者就可以轻松阅读。读完这些案例，相信读者可以了解日常生活中使用的各种算法和相关数学知识。

田　霞

2023年2月

目录

算法

Chapter 1

%

有趣的概率

Chapter 4

CHAPTER **1**

算法

先来先服务

以前，提起去银行办理业务，估计大家心里只有一个想法——排队，可能会排1~2小时的队，而办业务只需要几分钟。原先没有叫号机，每个窗口排成一队，但是有可能同样的业务有的队伍办理得快，有的队伍办理得慢，稍显不公平。有了叫号机后，就按照取号的先后排队，采用先来先服务的方法，实现了公平。

为什么排队需要如此久呢？一是目前银行的业务种类越来越多。银行为了赚取中间业务的收入，引入了保险、基金、证券等一系列业务，这些业务需要投入大量的人力资源。保险、基金等业务办理所需的时间比传统存贷业务更多，一个人办理业务可能需要很久，结果导致排队严重，这属于非常占用时间的长作业。二是银行为了拉拢存款达到一定额度的高端客户，引入VIP服务概念，将有限的资源再分出一部分提供给那些VIP客户，保证这些客户办理业务不排队。三是取款机不方便，一天之内取得的钱数有限，而且存折不能在取款机上取钱。四是银行服务窗口很多，但是办理业务的不多，通常是只开2个普通客户窗口和1个VIP客户窗口。这是银行为了节省人工采取的措施。五是有空号的存在。有人看银行办理业务的人太多，取了号，又不愿意等或者有急事放弃等待，这个号码就成为空号。

一个小区要求全部核酸检测时，采取的策略也是先来先服务。如果核酸检测的设置点比较多，核酸检测的速度非常快，大家的意见不是很大。但是如果做一次核酸，人们就需要在寒风中等待一两个小时，还是很受罪的。

去超市购物结账时，采用的策略也是先到先服务，不过这时指的是谁先到达收银台，给谁先结账。这个排队没有叫号，有几个收银台，排的队伍就有几个，队伍行进的速度也不尽相同，有时可能需要排队等待较长的时间

（比如该队伍的收银员操作速度慢、前面的顾客买的东西多等）。

某银行一天只开了一个窗口，早晨有3个顾客需要办理业务，按照顾客取号的顺序为：顾客甲、顾客乙、顾客丙（如下图）。顾客甲需要办理网银业务，业务办理时间为20分钟；顾客乙办理取款业务，业务办理时间为2分钟；顾客丙办理转账业务，业务办理时间为9分钟。求平均等待时间和平均周转时间。

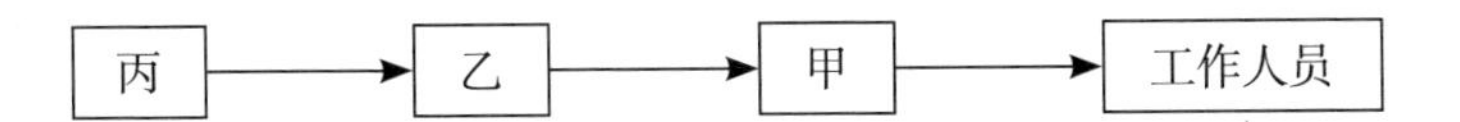

银行9点开门。因为顾客甲先到，先对其服务，等待时间为0分钟，即从9点开始到9点20分，周转时间为20分钟。顾客乙在9点5分到达银行，他从9点20分开始办理业务，9点22分结束，等待时间为15分钟，周转时间为17分钟。顾客丙在9点6分到达银行，9点22分开始办理业务，9点31分结束，等待时间为16分钟，周转时间为25分钟。所以平均等待时间为（0+15+16）/3≈10.33分钟，平均周转时间为（20+17+25）/3≈20.67分钟。

顾客	到达时间	服务时间	开始时间	结束时间	周转时间	等待时间
甲	9点	20分钟	9点	9点20分	20分钟	0分钟
乙	9点5分	2分钟	9点20分	9点22分	17分钟	15分钟
丙	9点6分	9分钟	9点22分	9点31分	25分钟	16分钟

先来先服务调度算法在计算机操作系统中可用于进程调度、作业调度和磁盘调度。每一次的调度都从队列中选择最先进入队列的进程投入运行，属于非抢占式的调度算法，按照请求的顺序进行调度。这种算法有利于长作业（服务时间长的作业，比如顾客甲），但不利于短作业（服务时间短的作业，比如顾客乙），因为短作业必须等待前面的长作业执行完毕才能执行，而长作业又需要执行很长时间，这造成了短作业等待时间过长。另外，对I/O（I指的是输入，input，如打字、发语音；O指的是输出，output，如打印等）密集型进程也不利，因为每次进行I/O操作之后又得重新排队。举个例子，写好代码后发现其中有错误，需要不断修改和调试。这样的作业就是I/O密集型

的。周转时间指的是从作业提交系统开始，到最后完成所需要的时间。平均周转时间反映了不同调度算法对相同作业流的调度性能。

优先级算法

加减乘除四则混合运算法则为：先乘除，后加减；如果有括号，先算括号内的；同级计算左边起。在这一法则中，括号的优先级最高，乘除的优先级次之，加减的优先级最低。通过赋予优先级的方式，保证每次运算结果都是一样的。

比如，求解2+4+3×5=？第一个运算是加法，但是第二个和第三个运算中，乘法优先级高，要抢占加法的运算，所以得先计算乘法。这一式子也可写成2+4+（3×5），结果为21，但不能写成2+（4+3）×5。这就属于抢占式算法。

银行办理业务，都采用叫号的方式。普通客户经过漫长的等待，好不容易快轮到了，突然来了个VIP客户，此时窗口会喊："V1号客户办理业务。"VIP客户是银行的贵宾，其优先权要高于普通的客户，在办理业务时优先。这种优先不是立即让正在办理业务的客户将位置让给VIP客户，而是等这个客户业务办理完毕后让VIP客户插队优先办理。这样的排队方式就称为非抢占式算法。

某银行一天只开了一个窗口，早晨有3个顾客需要办理业务，按照顾客取号的顺序，为顾客甲、顾客乙和顾客丙。顾客甲和顾客乙都是普通客户，顾客丙为VIP客户。顾客甲需要办理网银业务，业务办理时间为20分钟；顾客乙办理取款业务，业务办理时间为2分钟；顾客丙办理转账业务，业务办理的时间为9分钟。求平均处理时间。顾客甲于9点到达银行，顾客乙于9点5分到达银行，顾客丙于9点6分到达银行。根据优先级，他们排成了如下队伍。

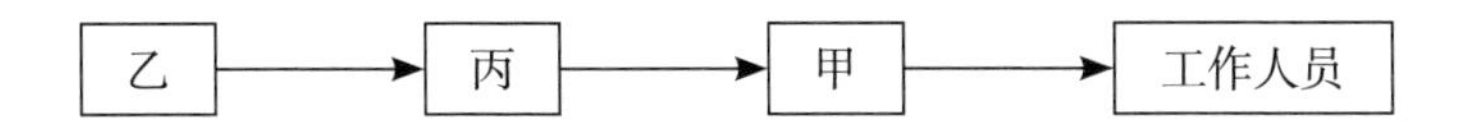

因为顾客甲先到，先为其服务，花费时间为20分钟，即从9点开始到9点20分。顾客丙是银行的VIP客户，银行先

为其服务，他从9点20分开始办理业务，9点29分结束。顾客乙在9点5分到达银行，从9点29分开始办理业务，9点31分结束。3个顾客的等待时间和周转时间如下表所示。3个顾客的平均等待时间为（0+24+14）/3≈12.67分钟，平均周转时间为（20+26+23）/3=23分钟。

顾客	到达时间	服务时间	开始时间	结束时间	周转时间	等待时间
甲	9 点	20 分钟	9 点	9 点 20 分	20 分钟	0 分钟
乙	9 点 5 分	2 分钟	9 点 29 分	9 点 31 分	26 分钟	24 分钟
丙	9 点 6 分	9 分钟	9 点 20 分	9 点 29 分	23 分钟	14 分钟

短作业优先

3位同学一起去找老师答疑。甲同学的问题比较多，大概需要老师讲解20分钟；乙同学的问题比较少，只需要5分钟讲解；丙同学需要老师讲解10分钟。老师统筹考虑了一下情况，决定先给乙同学讲解。甲、丙两位同学旁听。5分钟后，乙同学满意离去，老师开始给丙同学讲解，甲同学旁听。10分钟后丙同学也离去，老师再给甲同学讲解。他们排成了如下图所示的队伍。求3人为了答疑平均花费的时间。

因为乙同学的问题需要花费的时间短，所以优先解决他的问题。丙同学的问题比甲同学少，优先答疑。甲同

学最后答疑，等待时间为5+10=15分钟。3位同学的等待时间和周转时间如下表所示。3位同学的平均等待时间为（15+0+5）/3≈6.67分钟，平均周转时间为（35+5+15）/3≈18.33分钟。这是短作业优先算法。

同学	初始时间	讲解时间	开始时间	结束时间	周转时间	等待时间
甲	0 分钟	20 分钟	15 分钟	35 分钟	35 分钟	15 分钟
乙	0 分钟	5 分钟	0 分钟	5 分钟	5 分钟	0 分钟
丙	0 分钟	10 分钟	5 分钟	15 分钟	15 分钟	5 分钟

如果使用先来先服务的算法，假设甲先到，乙后到，丙最后到，但都是前后脚到的，可认为到达时间相同，那么就要按照甲、乙、丙的顺序为他们讲解。先给甲讲解问题，甲等待时间为0分钟。再给乙讲解问题，乙等待时间为20分钟。最后给丙讲解问题，丙等待的时间为20+5=25分钟。3位同学的平均等待时间为（0+20+25）/3=15分钟，平均周转时间为（20+25+35）/3≈26.67分钟。

同学	初始时间	讲解时间	开始时间	结束时间	周转时间	等待时间
甲	0 分钟	20 分钟	0 分钟	20 分钟	20 分钟	0 分钟

续表

同学	初始时间	讲解时间	开始时间	结束时间	周转时间	等待时间
乙	0 分钟	5 分钟	20 分钟	25 分钟	25 分钟	20 分钟
丙	0 分钟	10 分钟	25 分钟	35 分钟	35 分钟	25 分钟

短作业优先算法是一种作业调度算法。执行时间最短的作业最先执行。短作业抢占了长作业的处理器，但是平均花费的时间确实少于先来先服务算法。这种算法对短作业有利，对长作业非常不公平。如果不断有短作业需要处理，长作业可能会等待很长时间。

抢占式算法

如果有优先级高的客户来办理业务，而正在办理业务的客户优先级低，则立即停止优先级低的客户的业务，让优先级高的客户办理业务，这就是抢占式算法。

比如，我们使用手机浏览网页，此时有电话打进来，电话界面立即就会显示在你的眼前。和浏览网页相比，接电话肯定更重要些。因此，手机操作系统赋予接电话这个事件更高的优先级。这就属于立即抢占式算法。

再如，妈妈在家里看电视，在家里上网课的孩子突然说老师要打印一套试卷，而且马上就要使用，此时妈妈肯定会停止看电视，选择打印试卷。因为打印试卷比看电视更重要。也就是说，打印试卷被赋予了更高的优先级。

3位同学找老师答疑。甲同学先到，乙同学后到，丙同学最后到，但是他们到达的时间相差无几。甲同学的问题比较多，大概需要老师讲解20分钟；乙同学的问题比较少，只需要5分钟讲解；丙同学需要老师讲解10分钟。老师先给甲同学讲解，当讲到一半的时候（过10分钟），丙同学突然接到通知，让他10分钟后去参加个会议。丙同学只好打断老师的讲解，提出请求：能不能先给他答疑？甲、乙两位同学没什么意见，因此老师暂停给甲同学的答疑，先给丙同学讲解问题。10分钟后，丙同学离开，老师继续给甲同学讲解。10分钟后，甲同学满意离去，老师再给乙同学讲解。3位同学的排队进程如下图所示。求3人的平均等待时间。

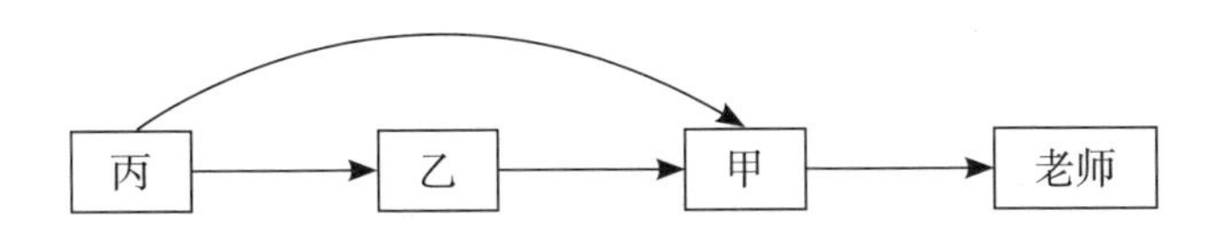

甲同学先答疑，10分钟后丙同学答疑，第20分钟甲同学继续答疑，中间等待时间为10分钟。丙同学前面等待甲同学10分钟。乙同学最后答疑，等待时间为10+20=30分钟。3个人平均等待时间为（10+30+10）/3=16.67分钟，平均周转时间为（30+35+20）/3=28.33分钟。

同学	初始时间	讲解时间	开始时间	结束时间	周转时间	等待时间
甲	0 分钟	20 分钟	第 1 次：0 分钟 第 2 次：20 分钟	第 1 次：10 分钟 第 2 次：30 分钟	30 分钟	10 分钟
乙	0 分钟	5 分钟	30 分钟	35 分钟	35 分钟	30 分钟
丙	0 分钟	10 分钟	10 分钟	20 分钟	20 分钟	10 分钟

时间片轮转

要想拿到驾驶证，就得在驾校的教练指导下学习科目二和科目三。现在驾校学车的人很多，每个教练有一辆教练车，有多个学员去练车时，教练一般采取每人练几分钟的方法，让大家排队轮流练车。假设教练指定每人练习10分钟，在这10分钟内，跑几圈就看学员自己的驾驶水平了，这就是时间片轮转算法。

学员们排队轮流练车，每个学员的时间为10分钟（这被称为一个时间片）。假设有5个学员从早上8点开始练习倒车入库，而他们的到达时间几乎相同。教练规定练车时间截止到11点半。第三个学员需要在9点半离开，第五个学员需要在10点半离开。求5个学员的平均等待时间。

下面看五个学员练车的具体时间。如下图所示，从内环到外环分别代表第一到第五个学员，涂色的部分表明练车的时间。

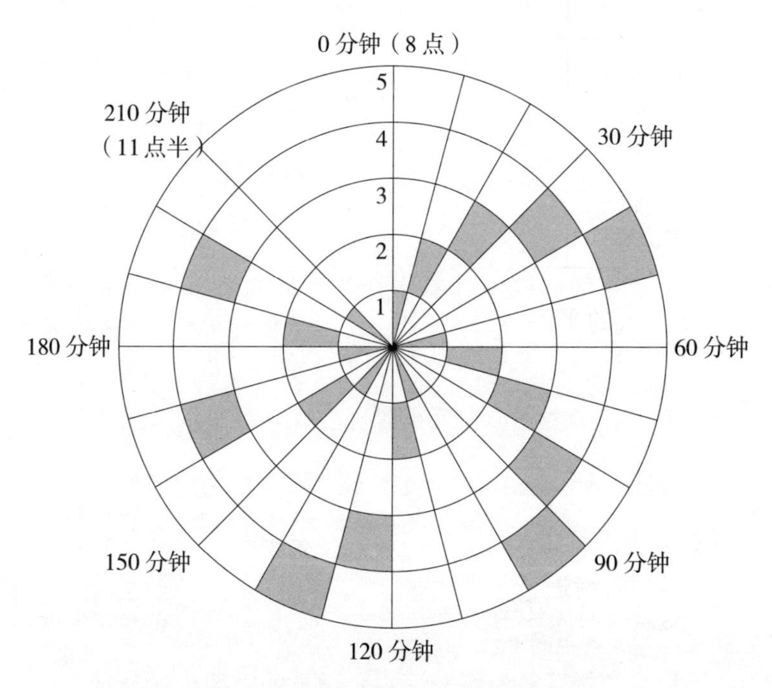

5个学员的周转时间和等待时间总结为下表。

学员	到达时间	练习时间	开始时间	结束时间	周转时间	等待时间
1	8 点	60 分钟	8 点	11 点 30 分	210 分钟	150 分钟

续表

学员	到达时间	练习时间	开始时间	结束时间	周转时间	等待时间
2	8点	50分钟	8点10分	11点10分	190分钟	140分钟
3	8点	20分钟	8点20分	9点20分	80分钟	60分钟
4	8点	50分钟	8点30分	11点20分	200分钟	150分钟
5	8点	30分钟	8点40分	10点20分	140分钟	110分钟

5个人的平均等待时间为（150+140+60+150+110）/5=122分钟，平均周转时间为（210+190+80+200+140）/5=164分钟。

操作系统的进程调度算法就是时间片轮转算法。系统将所有的就绪进程（就绪是进程的一个状态，万事俱备，只差CPU这一东风）按先来先服务的原则，排成一个队列，每次调度时，把队首进程分配CPU，并令其执行一个时间片。时间片的大小从几毫秒到几百毫秒不等。当执行的时间片用完时，调度程序停止该进程的执行，并将它送往就绪队列的末尾。队列中的进程依次使用时间片，保证就绪队列中的所有进程，在给定的时间内，均能获得一个时间片的处理机执行时间。日常生活中，我们能够“同时”处理文档和听音乐，这是因为CPU切换处理文档和播放音乐进程的速度太快了，人脑根本感觉不到切换。

先进先出置换算法

如果你有很多图书，想把它们放在书架上，怎样放才能保证每次找书的时候效率最高？你很可能非常自然地想到“物以类聚”，按照不同的类别去放书就行了。比如，计算机类的书放在一层，数学类的图书放在另一层，科普类的图书放在其他层。找书前先看待查找的图书是哪一类，然后在对应的层查找。学校图书馆的图书一般是按照自然科学、社会科学等类别分库存放，也是这个道理。每一层的图书怎样摆放呢？可以按照购买的先后顺序摆放。

摆放好后，过一段时间，需要使用哪一本书，就去书架查找。使用完毕后该如何放回呢？放到这一类的哪个位置呢？我们总不能像图书馆一样为每本书贴上标签、编上序号吧！怎样放才可以在以后再找这本书时能以最快的速度找到它呢?

给大家推荐先进先出算法，该算法建议大家把刚使用过的图书放到该类的最右端。原因是最近使用过的图书可能过一阵就会再次使用。如果又购进了该类图书，仍然把它放在该层的最右端，因为刚买的图书肯定是非常需要的，谁也不会买一本自己以后都不会看的图书。如果该层图书已经满了，需要把一些图书暂时从这层中撤走，放到其他层（不经常使用的图书所在的那一层），那么选哪些出去呢？先进先出算法建议我们选择该层最左端的图书，因为最左端图书是最早购买、最先放到这层书架上的，它们最近也没有被使用过。把最左端的图书拿出去，书架有空位了，就可以继续摆放图书了。

先进先出页面置换算法用于系统内存不足时，选择最先进入内存的页面予以淘汰。假如一个作业的页面调用的顺序为4、3、2、1、4、3、5、4、3、2、1、2，当分配给该作业的内存的页数为4，即内存中一次只能放该作业的4页，使用先进先出页面置换算法研究调用中所发生的缺页及缺页率（缺页次数/总调页次数）如下。

内存中的页数为4页，所以前四次调用的页4、3、2、1可以按照顺序放进去。把4放在最下面，1放在最上面，内存中的页顺序仍为4、3、2、1。

第5次调用的是页4，因为4在内存中，不需要进行置换，内存中的页顺序仍为4、3、2、1。

第6次调用的是页3，因为3在内存中，不需要进行置换，内存中的页顺序仍为4、3、2、1。

第7次调用的是页5，因为5不在内存中，需要调出一页，而页4是最先进来的，把页4换出内存，把页5换进内存，内存中的页顺序为3、2、1、5。

第8次调用的是页4，因为4不在内存中，需要调出一页，而页3是最先进来的，把页3换出内存，把页4换进内存，内存中的页顺序为2、1、5、4。

第9次调用的是页3，因为3不在内存中，需要调出一页，而页2是最先进来的，把页2换出内存，把页3换进内存，内存中的页顺序为1、5、4、3。

第10次调用的是页2，因为2不在内存中，需要调出一页，而页1是最先进来的，把页1换出内存，把页2换进内存，内存中的页顺序为5、4、3、2。

第11次调用的是页1，因为1不在内存中，需要调出一页，而页5是最先进入内存的，把页5换出内存，把页1换进内存，内存中的页顺序为4、3、2、1。

第12次调用的是页2，因为2在内存中，不需要置换，内存中的页顺序为4、3、2、1。

整理调用及替换过程如下表所示。

调用次数	调用页面	内存中的页面				淘汰的页面
		新←——→旧				
1	4				4	
2	3			3	4	
3	2		2	3	4	
4	1	1	2	3	4	
5	4	1	2	3	4	
6	3	1	2	3	4	
7	5	5	1	2	3	4
8	4	4	5	1	2	3
9	3	3	4	5	1	2

续表

调用次数	调用页面	内存中的页面 新←→旧				淘汰的页面
10	2	2	3	4	5	1
11	1	1	2	3	4	5
12	2	1	2	3	4	

在12次调用页的过程中，需要进行置换的是第7、8、9、10、11次。总共进行5次置换，缺页率为5/12×100%≈41.67%。

最近最久未使用置换算法

我们收拾衣服时，会按照衣服适用的季节、场合等来分门别类。我们会习惯于将当季的衣服挂在衣橱里，将过季的衣服收纳到箱子里，放到顶层的柜子或储藏室里。最近穿的衣服会被摆放在最方便拿的位置，这样早上上班前找衣服就不用翻箱倒柜了。如果衣服太多，衣橱放不下，我们会选择最久未穿过的衣服，把它们替换成最近穿过的衣服或者最新购置的衣服。这也是最近最久未使用置换算法的应用。如果想把一些衣服捐出去，大家应该多半是选择最早购买、长时间未穿的衣服捐出去吧！绝对不会把自己最喜欢、经常穿的衣服捐出去，这也是同样道理。

最近最久未使用页面置换算法用于系统内存不足时，

选择距离当前页面使用时间最长的页面予以淘汰，因为根据局部性原理：较长时间未使用的页面，可能不会马上用到。通常使用栈来实现，即每次使用的页面放在栈的最上面，如果内存不够需要调一页到硬盘（外存）上，就选择栈底的页面置换出去，把马上要访问的那一页调到内存。

假如一个作业的页面调用的顺序为4、3、2、1、4、3、5、4、3、2、1、2，当分配给该作业的内存的页数为4，即内存中一次只能放该作业的4页，使用最近最久未使用置换算法研究所发生的缺页及缺页率（缺页次数/总调页次数）如下。

内存中的页数为4页，所以前四次调用的页4、3、2、1可以按照顺序放进去。把4放在最下面，1放在最上面，内存中的页顺序为4、3、2、1。

第5次调用的是页4，因为4在内存中，且4是现在要使用的，把4提取出来放在最上面，其他依次向下，内存中的页顺序为3、2、1、4。

第6次调用的是页3，因为3在内存中，而且3是现在要使用的，把3提取出来放在最上面，其他依次向下，内存中的页顺序为2、1、4、3。

第7次调用的是页5，因为5不在内存中，需要调出一页，此时页2是最近最久未使用的，即2是最下面的，把页2换出内存，把页5换进内存，且放在最上方，其他依次向下，内存中的页顺序为1、4、3、5。

第8次调用的是页4，因为4在内存中，而且4是现在要使用的，把4提取出来放在最上面，其他依次向下，内存中的页顺序为1、3、5、4。

第9次调用的是页3，因为3在内存中，而且3是现在要使用的，把3提取出来放在最上面，其他依次向下，内存中的页顺序为1、5、4、3。

第10次调用的是页2，因为2不在内存中，需要调出一页，此时页1是最近最久未使用的，即1是最下面的，把页1换出内存，把页2换进内存，且放在最上方，其他依次向下，内存中的页顺序为5、4、3、2。

第11次调用的是页1，因为1不在内存中，需要调出一页，此时页5是最近最久未使用的，即5是最下面的，把页5换出内存，把页1换进内存，且放在最上方，其他依次向下，内存中的页顺序为4、3、2、1。

第12次调用的是页2，因为2在内存中，而且2是现在要使用的，把2提取出来放在最上面，其他依次向下，内存中的页顺序为4、3、1、2。

整理调用及替换过程如下表所示。

调用次数	调用页面	内存中的页面				淘汰的页面
		新←→旧				
1	4				4	
2	3			3	4	
3	2		2	3	4	
4	1	1	2	3	4	
5	4	4	1	2	3	
6	3	3	4	1	2	
7	5	5	3	4	1	2
8	4	4	5	3	1	
9	3	3	4	5	1	
10	2	2	3	4	5	1
11	1	1	2	3	4	5
12	2	2	1	3	4	

在12次调用页的过程中，需要进行置换的是第7、10、11次。总共进行3次置换，缺页率为3/12×100%=25%。

冒泡法

冒泡法的整个过程就像是烧开水一样，较小值像水中的气泡一样逐轮往上冒，每轮都会有一个最大的“水泡”浮出水面爆破消失。冒泡法是每次将相邻的两个数作比较，把较小的调到前头，直到排好序为止。

有时候，我们需要按照大小关系对一些内容进行排序。例如：n个人排成一列，要求按照身高从矮到高排序。此时，队伍中的人都会不自觉地和前后的人作比较，发现自己的身高比前边的人矮，两个人就调换一下位置，否则保持不动。如果调换位置之后，自己的身高还是比前边的人矮，就再和前边的人调换一下位置。依次进行这样的操作，直到不再需要调换位置。每一个人都进行一番这样的操作，很快就能实现从矮到高的排序。在计算机编程中，类似这样的排序方法称为冒泡法。为什么叫冒泡法呢？因为在这种方法中，最小的元素总是经由与相邻元素的交换而慢慢“浮”到数列的顶部，就像烧水过程中气泡从壶底慢慢升起，浮到水面一样。冒泡法就是每次将相邻的两个数作比较，把较小的调到前头，直到排好序为止。

有56、32、14、78、3这5个数，利用冒泡法将其按照从小到大的顺序排序。

第一轮：比较相邻两个数的大小，把较小的调到前面。这一轮是找出最大的数。

将56和32比较，56＞32，将两个数调换位置，顺序为32、56、14、78、3；

将56和14比较，56＞14，将两个数调换位置，顺序为32、14、56、78、3；

将56和78比较，56＜78，无须调换，顺序为32、14、56、78、3；

将78和3比较，78＞3，将两个数调换位置，顺序为32、14、56、3、78。

第一轮完成，找出最大的数为78。

第二轮：比较相邻两个数的大小，把较小的调到前面。这一轮是找出第二大的数。

将32和14比较，32＞14，将两个数调换位置，顺序为14、32、56、3、78；

将32和56比较，32＜56，无须调换，顺序为14、32、56、3、78；

将56和3比较，56＞3，将两个数调换位置，顺序为14、32、3、56、78；

第二轮完成，找出第二大的数为56。

第三轮：比较相邻两个数的大小，把较小的调到前面。这一轮是找出第三大的数。

将14和32比较，14＜32，无须调换，顺序为14、32、3、56、78；

将32和3比较，32＞3，将两个数调换位置，顺序为14、3、32、56、78；

第三轮完成，找出第三大的数为32。

第四轮：比较相邻两个数的大小，把较小的调到前面。这一轮是找出第四大的数，即排好顺序。

将14和3比较，14＞3，将两个数调换位置，顺序为3、14、32、56、78。

排序完成，一共比较了4+3+2+1=10次，完成了排序过程。

选择排序

首先在未排序序列中找到最小元素，存放到排序序列的起始位置。再从剩余未排序元素中继续寻找最小元素，然后放到已排序序列的末尾。即在一个长度为n的无序数组中，第一次遍历n个数找到最小的和第一个数交换。第二次从下一个数开始遍历$n-1$个数，找到最小的数和第二个数交换。以此类推，将数组排序。

有56、32、14、78、3这5个数，利用选择排序法将其按照从小到大的顺序排序。

第一轮：从56开始查找，一直到最后一个数据，查找最小的数，发现3最小，将其与56交换，此时数据为3、32、14、78、56。这一轮是找出最小的数。

第二轮：从第二个数32开始查找，一直到最后一个数据，查找最小的数，发现14最小，将其与32交换，此时数据为3、14、32、78、56。这一轮是找出第二小的数。

第三轮：从第三个数32开始查找，一直到最后一个数据，查找最小的数，发现32最小，此时数据为3、14、32、78、56。这一轮是找出第三小的数。

第四轮：从第四个数78开始查找，一直到最后一个数据，查找最小的数，发现56最小，将56与78交换，此时数据为3、14、32、56、78。这一轮是找出第四小的数。此时选择排序已经完成了。

插入排序

要上体育课了，老师要求一个班的同学按照身高从矮到高排成一列。先到的同学排成一列后，后到的同学自觉地按照自己的身高插入已经排好的队列中，这属于插入排序。

四个人玩一副玩扑克牌，每人轮流摸牌。随着手里的牌越来越多，为了清楚自己手里的牌和方便出牌，我们一般摸到一张牌，就按大小顺序将其插入手里原有的牌中，这也属于插入排序。

在要排序的一组数中，假定前$n-1$个数已经排好序，现在将第n个数插到前面的有序数列中，使这n个数也是排好序的。如此反复执行操作，直到全部排好顺序。

有56、32、14、78、3这5个数，利用插入排序法将其按照从小到大的顺序排序。

第一轮：将32与56比较，排序为32、56、14、78、3。

第二轮：将14插入32、56中，排序为14、32、56、78、3。

第三轮：将78插入14、32、56中，排序为14、32、56、78、3。

第四轮：将3插入14、32、56、78中，排序为3、14、32、56、78。

希尔排序

玩扑克牌时，玩家交替抽牌，同时不断将新拿到的牌按照顺序插入手中已经排好顺序的牌中。但是，若是用发牌机一次性发好几堆牌，然后让玩家随机选一堆。这时再用插入排序来调整牌的顺序就比较困难了，因为抽出来一张牌之后，剩余的牌并未排好顺序。若是要你用插入排序的方法排好一整副牌的顺序，那么你可能很难确定到底要将这张抽出的牌插回到哪个位置。有什么简单的解决方法吗?

假设一个比较特殊的情况，四个玩家已经各自排好了自己手上的牌，此时将这四份牌收回，再将整副牌排序整齐。这个任务是不是比排好完全杂乱无章的一整副牌简单些了呢？希尔排序就是运用了以上提到的两个隐含规律，将插入排序的复杂度降低。规律之一是，当序列的长度很小时，插入排序较简单；规律之二是，当序列大部分的元素已经有序时，插入排序比较简单。

希尔排序是插入排序的一种，也称缩小增量排序，是按下标的增量分组，对每组使用直接插入排序算法排序；当增量减至1时，就分成一组。来看一个实例。

数据为9、1、2、5、7、4、8、6、3、5，按照增量为3，每隔2个取一个，分成三组。第一组：9、5、8、5；第二组：1、7、6；第三组：2、4、3。将这三组排序：第一组：5、5、8、9；第二组：1、6、7；第三组：2、3、4。然后提取每一组最小的，先放在前面，再提取每一组次小的放在后面，依次进行，得到：5、1、2、5、6、3、8、7、4、9。

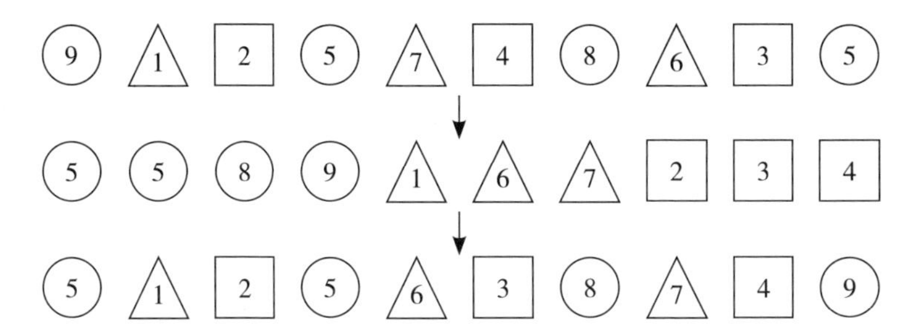

缩小增量为2，每隔1个取一个，分成两组。第一组：5、2、6、8、4；第二组：1、5、3、7、9。将这两组排序。第一组：2、4、5、6、8；第二组：1、3、5、7、9。然后提取每一组最小的，先放在前面，再提取每一组次小的，放在后面，依次进行，得到：2、1、4、3、5、5、6、7、8、9。

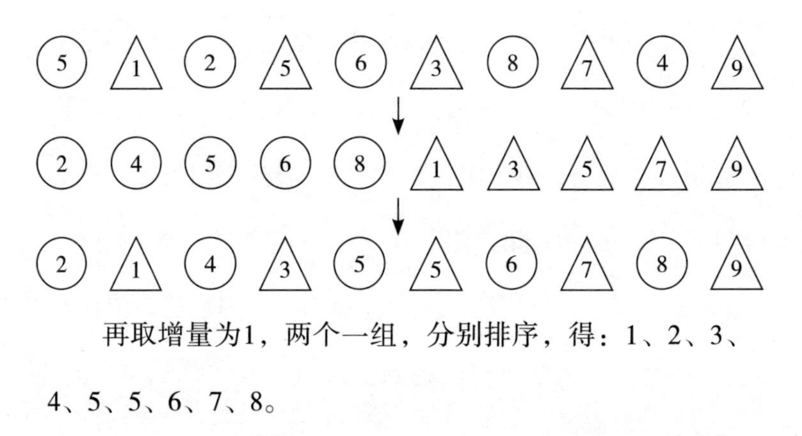

再取增量为1，两个一组，分别排序，得：1、2、3、4、5、5、6、7、8。

2 1 4 3 5 5 6 7 8 9

1 2 3 4 5 5 6 7 8 9

1 2 3 4 5 5 6 7 8 9

二分法

小美买了一件很好看的衣服，同事小丽看见了，问这件衣服多少钱。小美让小丽猜猜看。小丽说500元，小美说："低了。"小丽说1000元，小美又说："高了。"小丽说750元，小美说："再高点。"小丽说875元，小美说："差不多了，稍微再高点。"小丽又猜937.5元，小美最后公布衣服的价钱为930元。在这个有趣的同事逗乐的例子中，小丽就使用了二分法。

无理数是无限不循环小数，不用计算器，计算它的精确值非常麻烦。下面使用二分法求无理数$\sqrt{5}$的精确值。

第一步：因为$1<\sqrt{5}<\sqrt{9}$，所以$\sqrt{5}$在区间（1，3）内。

第二步：区间（1，3）的中点为（1+3）/2=1.5，则$\sqrt{5}$

要么在区间（1，1.5）中，要么在区间（1.5，3）中。1.5的平方为2.25，而$2.25<5$，因此$\sqrt{5}$在区间（1.5，3）内。

第三步：区间（1.5，3）的中点为（1.5+3）/2=2.25，则$\sqrt{5}$要么在区间（1.5，2.25）中，要么在区间（2.25，3）中。2.25的平方为5.0625，而$5.0625>5$，因此$\sqrt{5}$在区间（1.5，2.25）内。

第四步：区间（1.5，2.25）的中点为（1.5+2.25）/2=1.875，则$\sqrt{5}$要么在区间（1.5，1.875）中，要么在区间（1.875，2.25）中。1.875的平方为3.515625，而$3.515625<5$，因此$\sqrt{5}$在区间（1.872，2.25）内。

第五步：区间（1.875，2.25）的中点为（1.875+2.25）/2=2.0625，则$\sqrt{5}$要么在区间（1.875，2.0625）中，要么在区间（2.0625，2.25）中。2.0625的平方约为4.2539，而$4.2539<5$，因此$\sqrt{5}$在区间（2.0625，2.25）内。

第六步：区间（2.0625，2.25）的中点为（2.0625+2.25）/2=2.15625，则$\sqrt{5}$要么在区间（2.0625，2.15625）中，要么在区间（2.15625，2.25）中。2.15625的平方约为4.6494，而$4.6494<5$，因此$\sqrt{5}$在区间（2.15625，

2.25）内。

第七步：区间（2.15625，2.25）的中点为（2.15625+2.25）/2=2.203125，则$\sqrt{5}$要么在区间（2.15625，2.203125）内，要么在区间（2.203125，2.25）中。2.203125的平方约为4.8538，而4.8538<5，因此$\sqrt{5}$在区间（2.2031325，2.25）内。

第八步：区间（2.2031325，2.25）的中点为（2.2031325+2.25）/2=2.22656625，则$\sqrt{5}$要么在区间（2.15625，2.22656625）内，要么在区间（2.22656625，2.25）内。2.22656625的平方约为4.9576，而4.9576<5，因此$\sqrt{5}$在区间（2.22656625，2.25）内。

第九步：区间（2.22656625，2.25）的中点为（2.22656625+2.25）/2=2.238283125，则$\sqrt{5}$要么在区间（2.22656625，2.238283125）内，要么在区间（2.238283125，2.25）内。2.238283125的平方约为5.0099，而5.0099非常接近于5，因此$\sqrt{5}$的近似值为2.238283125，使用计算器得到$\sqrt{5}\approx$2.236067978。

蛮力攻击法

有一天，小明的爸爸收到一条来自小明的消息，消息的内容为UQJFXJXJSIRTSJDX。爸爸问小明消息是什么意思，小明说这是他小时候和爸爸经常玩的密码游戏，让爸爸自己解开这个消息。

小明和爸爸过去经常玩一种称为恺撒密码的游戏。恺撒密码通过将字母按顺序推后k位从而起到加密的作用。到底k是多少，需要猜测，称为密钥。如果k=3，则字母A变成了D，字母B变成了E，Z变成了C。对英文字母A到Z分别赋值0~25，则凯撒密码的加密公式为$c=(m+3) \bmod 26$，mod表示除以26后取余数。如果密钥k未知，则加密公式为$c=(m+k) \bmod 26$。

现在知道了加密的结果，即密文c，如何求出原始消息，即明文m呢？由加密公式，得到解密公式为$m=(c-k) \bmod 26$，如果$c-k$为负值，加上26即可。

现在已知密文UQJFXJXJSIRTSJDX，小明的爸爸如何知道小明想表达什么，即明文是什么呢？他并不知道密钥k，只好从0到25逐个试试。为什么是0到25呢？因为k取26时，字母A对应的数字为0，加上26之后变成了26，在mod26条件下，余数是0，和明文完全相同，相当于$k=0$。k取27时，字母A对应的数字为0，0+27=27，在mod26条件下余数是1，相当于$k=1$。其他情况也是类似，因此只需要考虑密钥k的取值为0~25。

把密文中的字母转换为数字：

U	Q	J	F	X	J	X	J	S	I	R	T	S	J	D	X
20	16	9	5	23	9	23	9	18	8	17	19	18	9	3	23

当$k=0$时，就是密文，没有任何意义。

当$k=1$时，将密文的前5个字母对应的数字-1，得：19、15、8、4、22。

为节省时间，只先翻译前5个字母，若可以得出近似单词的内容，再破译全句。将5个数字对应变为字母，为tpiew。这个时候就不用继续破译了，因为tpiew绝对不是一个单词或者一句话。k=1不合适，舍去。

再考虑k=2时，将密文的前5个字母对应的数字-2，得：18、14、7、3、21。将5个数字对应变为字母，为sohdv。同样地，因为sohdv不是一个单词或者一句话，k=2不合适，舍去。

下面列出k为其他取值时，密文前5个字母对应的明文。

k	明文	k	明文
3	rngcu	15	fbuqi
4	qmfbt	16	eatph
5	pleas	17	dzsog
6	okdzr	18	cyrnf
7	njcyq	19	bxqme
8	mibxp	20	awpld
9	lhawo	21	zvokc
10	kgzvn	22	yunjb
11	jfyum	23	xtmia
12	iextl	24	wslhz
13	hdwsk	25	vrkgy
14	gcvrj	—	—

把所有情况都列出，发现当k=5时，pleas是please（请）的前5个字母，于是以k=5为密钥解开全部信息。原来，小明发的消息为please send moneys。小明的生活费花完了，不好意思向爸爸张口要，就写了这样的一条信息，希望爸爸看到后，能再给他打些钱过去。

这种解密方法叫蛮力攻击法，也就是把所有的可能都列出，那么答案一定在里面。

回溯算法

下象棋时，落子后对方也下了一子，你却发现情形不对，要求对方把刚下的子收回，自己也收回刚下的棋子，这就是悔棋。下象棋时一般不允许悔棋，而我们的人生也是如此，一旦做了决定，就没有后悔药可以吃。

但回溯算法是一种允许反悔的暴力求解算法。我们平时玩的迷宫游戏、数独游戏等，都是可以试探的游戏，不成功就反悔，回退一步，从而从所有可能的路线中找出最合适的一条。

回溯算法可以用于走出迷宫。比如，下方有一个十分简易的迷宫，我们可以用它来了解回溯算法是如何工作的。

A1		A3	A4	A5	
B1				B5	B6
C1	C2		C4		C6
	D2			D5	D6
E1	E2	E3	E4	E5	
F1				F5	F6
	G2	G3		G5	
H1	H2	H3	H4	H5	H6

为了使用回溯算法顺利走出迷宫，用字母A~H表示第1~8行，用数字1~6表示第1~6列。迷宫中的阴影部分表示不可通行，因此A2、A6、B2等均不可通行。

从A1进入迷宫之后有两种选择：A2或B1。因为A2不可通行，只能选B1。对于B1来说，有两种选择：B2或C1。因为B2不可通行，只能选C1。以此类推，到D2为止，都只有唯一的路可以走。此时路线为A1→B1→C1→C2→D2→E2……

选择E2之后有三种选择：E1、F2或E3。因为F2不可通行，只能在E1和E3中选择一个。若选择E1，之后也有两种

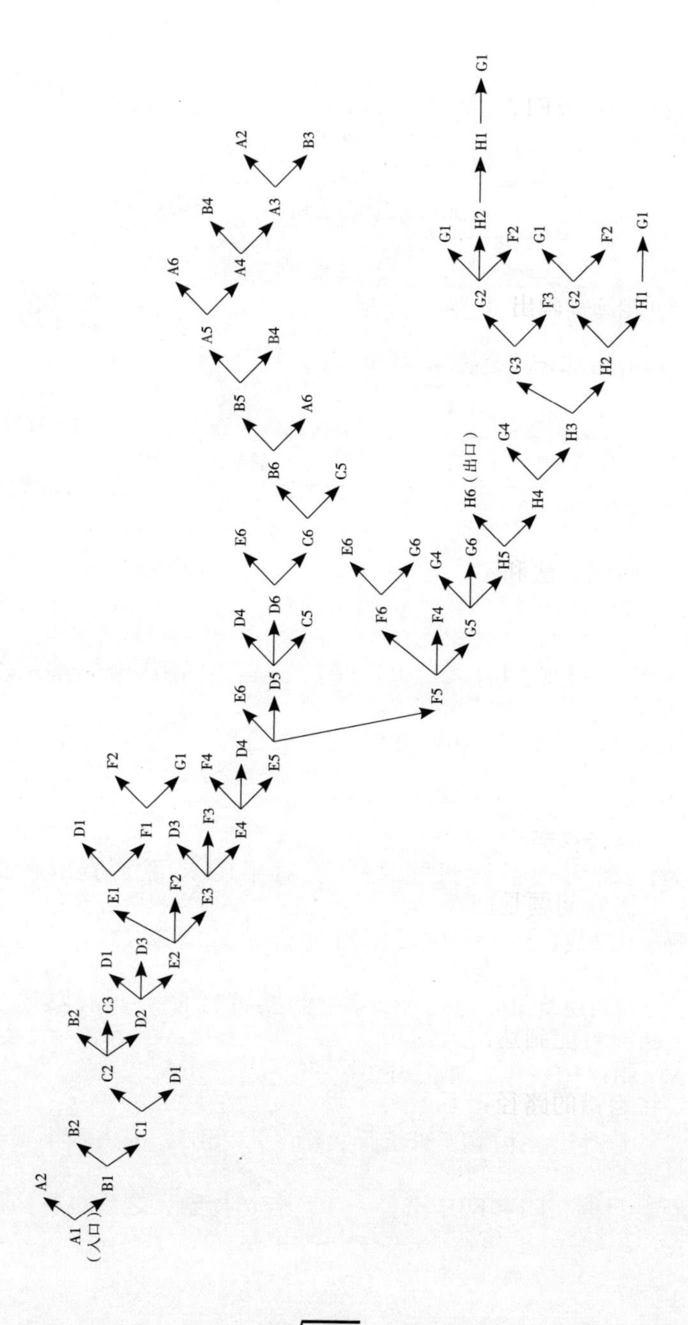

A1（入口）
A2
B1
B2
C1
C2
D1
B2
C3
D2
D1
D3
E2
E1
F2
E3
D1
F1
F2
G1
D3
F3
E4
F4
D4
E5
E6
D5
F5
D4
D6
C5
E6
C6
B6
C5
B5
A6
A5
B4
A6
A4
B4
A3
A2
B3
F6
F4
G5
E6
G6
G4
G6
H5
H6（出口）
H4
G4
H3
G3
H2
G2
F3
G1
H2
F2
H1
G1
G2
G1
F2
H1
G1

选择：D1或F1，因为D1不可通行，只能选F1。对于F1来说，有两种选择：F2或G1。因为F2和G1都不可通行，此路不通。于是回溯到E2处，只能选E3。我们可以根据每一步的可能选择画出一张图。

由图分析，我们可以找到唯一一条从入口到出口的路线：A1→B1→C1→C2→D2→E2→E3→E4→E5→F5→G5→H5→H6。

回溯算法和蛮力枚举方法类似，但是当发现某个路线的方向不正确时，就不再继续往下进行，而是回溯到上一层，减少算法运行时间。其特点是在搜索过程中寻找满足条件的解，一旦发现不满足条件便回溯，继续搜索其他路径，提高效率。

迷宫问题是回溯算法的一种应用。迷宫中有许多墙，大多数的路径都被挡住而无法行进。走迷宫的人可以通过走所有可能到达出口的路线来到达出口。当走错路时，需要将走错的路径记录下来，不重复，直到找到出口。一次只能走一格，遇到墙后，回退一步甚至若干步，直到找到另一条路径。一般用二维数组表示前路是否可通行，0表示有墙不可通行，1表示可通行。

使用回溯算法解决数独问题更简单。对每一个空着的格子，分别代入1~9，由于数独规定同一行、同一列和同一个3×3的区域中不能有相同的数字，若是代入的数字违反规则就跳过。有时无法找到一个合规的数字，则继续在下一个空格子中穷举1~9。如果在穷举的过程中发现不满足要求，就需要回溯到上一步。数独中已知的数字越少，约束条件越少，找出解的速度就越快。而我们手工求解时，正好相反，给出的已知数字越多，完成数独的速度通常越快。

k-近邻算法

孟母三迁的故事我们都非常熟悉。孟子是战国时期的思想家，是儒家学派的主要代表人物。他的父亲在他很小的时候就去世了，母亲依靠纺布来维持生活。据说孟子非常聪明，非常擅长模仿。起初孟子家在墓地附近，有人去世，就会有送葬的队伍吹着喇叭经过他家门口。孟子就跟着送葬的队伍学着吹喇叭、哀哭，并和周围的小朋友玩送葬的游戏。孟母发现这个问题后，赶紧搬家。这回的家离屠宰场近，孟子每天都到屠宰场去观看杀猪，并模仿，不久后他竟然能帮着杀猪了。孟母非常着急，又把家搬到了学堂附近。从此以后，孟子每天都跑到学堂外面，摇头晃脑地跟着学生们一起读书。学堂的夫子非常喜欢他，让他免费进学堂读书。孟母为什么要不停地搬家呢？因为孩子受环境的影响非常大，近朱者赤，近墨者黑，所以选择邻居很重要。

俗话说："物以类聚，人以群分。"我们常以聚集性为指标将某些人、某些物划归为同类，如同班同学、室友等。还有其他特征的相似性可以创造群体标签，如学霸、体育生等。

那么如何定义聚焦，或者称彼此接近呢？我们使用距离的概念。距离的定义有很多，一般使用欧氏距离。欧式距离指的是点$A=$（x_1，…，x_n）和$B=$（y_1，…，y_n）之间的距离为$d=\sqrt{\sum_{i=1}^{n}(x_i-y_i)^2}$。比如，二维平面上两点$A$（$x_1$，$y_1$）与$B$（$x_2$，$y_2$）间的欧氏距离为$d=\sqrt{(x_1-x_2)^2+(y_1-y_2)^2}$。

当然还有其他距离，比如曼哈顿距离。如下图所示，要从十字路口A开车到另外一个十字路口B，驾驶距离是两点间的直线距离吗？显然不是，除非你能开车穿过大楼！实际的驾驶路线如虚线所示，这个距离就是"曼哈顿距离"。对比欧氏距离，曼哈顿距离是直角三角形两条直角边的和，而欧氏距离是三角形的斜边。两点A（x_1，y_1）与B

（x_2，y_2）间的曼哈顿距离为$d=|x_1-x_2|+|y_1-y_2|$。

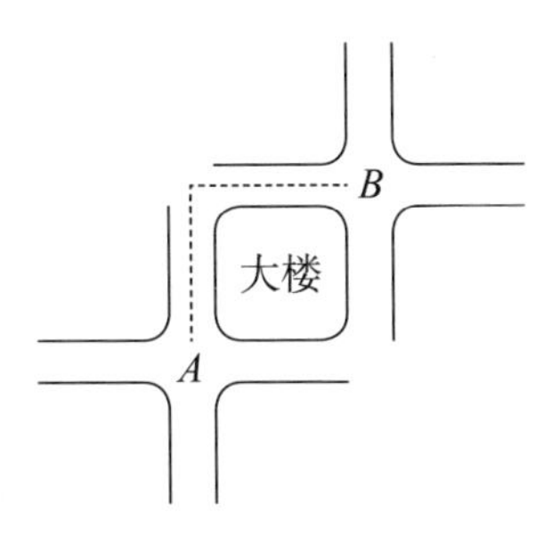

当无法判定当前待分类点属于哪一类时，可以依据统计学的理论看它所处的位置特征，衡量它周围邻居的权重，而把它归为权重更大的那一类。这就是*k*-近邻法的核心思想。

某高一学生的期末成绩中物理和历史的成绩如下表所示。我们知道其中6位学生选择的是理科还是文科，但第7位同学的文理分类情况未知。

那如何判断第7位同学选择的是文科还是理科呢？

学生	物理	历史	文或理
1	90	60	理
2	85	70	理
3	70	65	理
4	60	87	文

续表

学生	物理	历史	文或理
5	63	95	文
6	65	75	文
7	80	75	未知

先画出散点图，从图形中看分类。⋆表示的是选择理科的3位同学，•表示的是选择文科的3位同学，+是未分类的第7位同学。

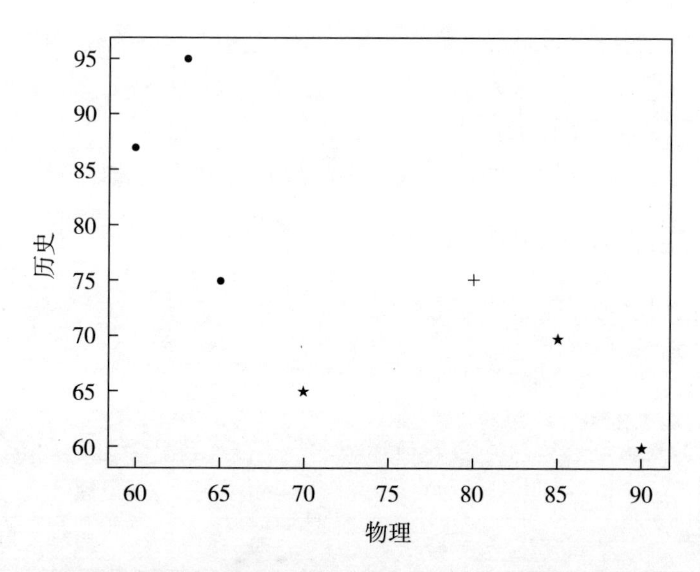

从散点图可以推断，第7位同学应该为理科生，因为+距离已知的三个理科生的⋆更近。

以第1位同学和第7位同学成绩的距离为例，欧氏距离计算公式为：

$$d_{17}=\sqrt{(90-80)^2+(60-75)^2}=\sqrt{325}\approx 18.03$$

其他类似计算即可。所得结果如下表所示。

学生	与第 7 位同学的距离	排序
1	18.03	4
2	7.07	1
3	14.14	2
4	23.32	5
5	26.25	6
6	15	3

第7位同学的成绩距离第2位同学最近。如果直接根据这个结果，判断该同学为理科生，就是使用了最近邻算法。

若k=3，那么按距离依次排序的三个点分别是第2位、第3位和第6位3位同学。在这3位同学中，第2位、第3位都是理科生，从而判断第7位同学为理科生。

其实，取k=2，3，4，5，均可判断第7位同学为理科生。

k-均值聚类算法

某高一学生的期末成绩中物理和历史的成绩如下表所示，将这6位同学分成两类。

学生	物理	历史
1	90	60
2	85	70
3	70	65
4	60	87
5	63	95
6	65	75

k-均值聚类算法的核心思想是：类内距离更近，类间距离更远。聚类和分类不同。分类是有标签的，训练数据是提前做好标签的，根据一定的规则，判断新的数据属于

哪一类。而聚类的数据没有标签，完全是根据某种规则直接分为几类，需要自行确定分类的依据。k-均值聚类算法的处理流程如下：首先，随机选择k个对象，每个对象代表一个类的初始均值或中心；其次，对剩余的每个对象，根据其与各类中心的距离，将它指派到最近（或最相似）的类，然后计算每个类的新均值，得到更新后的类中心；最后，不断重复，直到准则函数收敛。通常，采用平方误差准则，即对于每个类中的每个对象，求对象到其中心距离的平方和，这个准则试图使生成的k个类尽可能地紧凑和独立。

回到文章开头的案例。我们选择同学1和同学4作为聚类中心（聚类中心可更换）。

计算同学2和同学1的距离：

$$d_{21}=\sqrt{(85-90)^2+(70-60)^2}\approx 11.18$$

计算同学3和同学1的距离：

$$d_{31}=\sqrt{(70-90)^2+(65-60)^2}\approx 20.62$$

计算同学5和同学1的距离：

$$d_{51}=\sqrt{(63-90)^2+(95-60)^2}\approx 44.20$$

计算同学6和同学1的距离：

$$d_{61}=\sqrt{(65-90)^2+(75-60)^2}\approx 29.15$$

同理计算同学2、同学3、同学5和同学6与同学4的距离：$d_{24}\approx 30.23$，$d_{34}\approx 24.17$，$d_{54}\approx 8.54$，$d_{64}=13$。

比较同学2和同学1、同学4的距离，可以看出，同学2距离同学1更近一些，因此把同学2归入以同学1为聚类中心的第1类。同理，同学3也为第1类，而同学5和同学6都归入聚类中心为同学4的第二类。即目前同学1，2，3为一类，同学4，5，6为另一类。

计算平方误差，$E_1=d_{11}^2+d_{21}^2+d_{31}^2\approx 550$，$E_2=d_{44}^2+d_{45}^2+d_{46}^2\approx 242$，总体平均方差是 $E=E_1+E_2=550+242=792$。

此时计算第一轮的聚类中心，即求每一类的所有元素的每个分量的平均值。第一类的聚类中心的横坐标为（90+85+70）/3≈81.67，纵坐标为（60+70+65）/3=65；第二类的聚类中心的横坐标为（60+63+65）/3≈62.67，纵坐标为（87+95+75）/3≈85.67。

再以刚计算出来的两个点O（81.67，65），M（62.67，

85.67）为聚类中心，计算6位同学距离聚类中心的距离，从而判断他们各属于哪一类。

计算同学1和O的距离：

$$d_{1O}=\sqrt{(90-81.67)^2+(60-65)^2}\approx 9.72$$

计算同学2，3，4，5，6和O的距离分别为：

$d_{2O}\approx 6.01$，$d_{3O}=11.67$，$d_{4O}\approx 30.88$，$d_{5O}\approx 35.34$，$d_{6O}\approx 19.44$

计算同学1，2，3，4，5，6和M的距离分别为：

$$d_{1M}\approx 37.5，d_{2M}\approx 27.28，d_{3M}\approx 21.93$$

$$d_{4M}\approx 2.98，d_{5M}\approx 9.34，d_{6M}\approx 10.92$$

比较同学1和O、M的距离，可以看出，同学1距离O更近一些，所以把同学1归入O为聚类中心的第1类。同理，同学2，3也为第1类，而同学4，5，6都归入聚类中心为M的第二类。即目前同学1，2，3为一类，同学4，5，6为另一类。

计算平方误差，$E_1=d_{1O}^2+d_{2O}^2+d_{3O}^2\approx 266.67$，$E_2=d_{4M}^2+d_{5M}^2+d_{6M}^2\approx 215.33$，总体平均方差是 $E=E_1+E_2=$ 266.67+215.33= 482 。

第一次迭代后，总的平方误差值由792减少为482。由于在两次迭代中，类中心不变，所以停止迭代过程，算法停止。画出散点图如下：

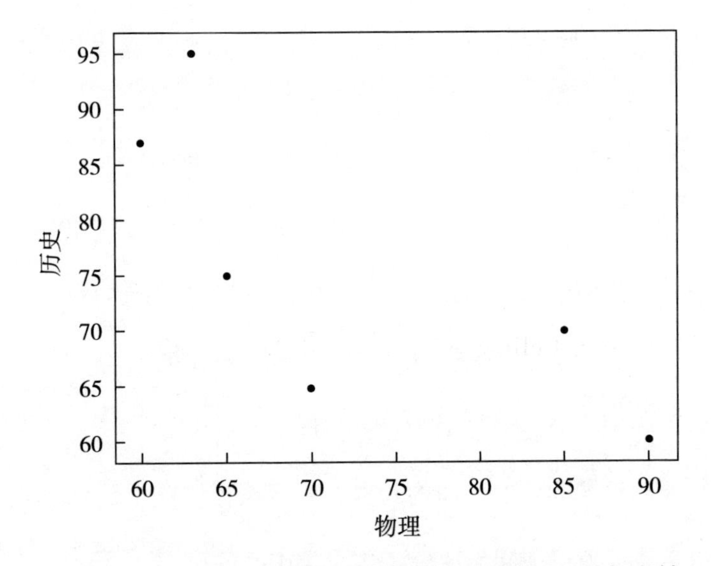

上面的散点图中横轴是物理成绩，纵轴是历史成绩。此时6个同学分为两类：物理成绩好的代表理科，历史成绩好的代表文科。

爬山法

爬山法（climbing method）是一种优化算法，一般从一个随机的解开始，然后逐步找到一个最优解（局部最优）。我们想从山脚爬到山顶，有很多种方法。爬山法指的是不管迈步的方向如何，都要保证下一步始终比这一步的高度高，离山顶更近。找到一个可行解后，从这个解的附近找其他的解，满足对应的函数值要大于这个解的函数值。爬山时从这一步的落脚点的附近（邻域）中找下一个落脚点，要保证下一个落脚点的海拔高度高于该落脚点的高度，即每一步都比上一步要高。

如果这一步的落脚点为x_i，下一步选择的落脚点为x_{i+1}，则比较$f(x_i)$和$f(x_{i+1})$，如果$f(x_i)<f(x_{i+1})$，接受落脚

点x_i+1，并迈步走到该点。如果不满足，则拒绝该点，继续选择，直到找到合适的落脚点为止。如果到达山顶最高点，自然找不到更好的选择，停止攀爬即可。

下面我们以求一个函数的最小值为例，来研究爬山法，此时可以看作下山法。

有函数$y = x_1+x_2-x_3$，x_1是区间[-2，5]中的整数，x_2是区间[2，6]中的整数，x_3是区间[-5，2]中的整数。使用爬山法，找到使y取值最小的解。假设初值为（3，5，2）。

该函数有3个参数，在使用爬山法逐步获得最优解的过程中，可以依次分别将某个参数的值增加或者减少一个单位。即找出周围一系列的点，比较对应的函数值的大小，找出最小的作为本次迭代的最优解，即找出周围被选中的最低的落脚点。

3个参数x_1、x_2、x_3，均为整数。初值为（3，5，2），即x_1=3，x_2=5，x_3=2。将x_1减1，加1，得到两个解，即（2，5，2），（4，5，2）；再将x_2减1，加1，得到两个解（3，4，2），（3，6，2）；将x_3减1，加1，得到两个解（3，5，1），（3，5，3），但是（3，5，3）中的第三个数3超

出[-5，2]的范围，去掉。这样就得到了一个解集（包含初值）：{（3，5，2），（2，5，2），（4，5，2），（3，4，2），（3，6，2），（3，5，1）}。从上面的解集中找到对应函数值最小的解，然后将这个解作为第一次迭代的最优解。把这个解作为输入，依据上面的方法再构造一个解集，再求最优解，就这样，直到前一次的最优解和后一次的最优解相同才结束“爬山”。

对于解集{（3，5，2），（2，5，2），（4，5，2），（3，4，2），（3，6，2），（3，5，1）}，分别代入函数中，计算函数值为{6，5，7，5，7，7}。取第一个最小值5，对应的解为（2，5，2），这就是第一轮的最优解。重复这一过程，直到函数值不再减小，这一过程如下表所示。

轮数	解集	函数值	最优解
1	{（3，5，2），（2，5，2），（4，5，2），（3，4，2），（3，6，2），（3，5，1）}	{6，5，7，5，7，7}	（2，5，2）
2	{（2，5，2），（1，5，2），（3，5，2），（2，4，2），（2，6，2），（2，5，1）}	{5，4，6，4，6，6}	（1，5，2）

续表

轮数	解集	函数值	最优解
3	{(1，5，2)，(0，5，2)，(2，5，2)，(1，4，2)，(1，6，2)，(1，5，1)}	{4，3，5，3，5，5}	(0，5，2)
4	{(0，5，2)，(-1，5，2)，(1，5，2)，(0，4，2)，(0，6，2)，(0，5，1)}	{3，2，4，2，4，4}	(-1，5，2)
5	{(-1，5，2)，(-2，5，2)，(0，5，2)，(-1，4，2)，(-1，6，2)，(-1，5，1)}	{2，1，3，1，3，3}	(-2，5，2)
6	{(-2，5，2)，(-1，5，2)，(-2，4，2)，(-2，6，2)，(-2，5，1)}	{1，2，0，2，2}	(-2，4，2)
7	{(-2，4，2)，(-1，4，2)，(-2，3，2)，(-2，5，2)，(-2，4，1)}	{0，1，-1，1，1}	(-2，3，2)
8	{(-2，3，2)，(-1，3，2)，(-2，2，2)，(-2，4，2)，(-2，3，1)}	{-1，0，-2，0，0}	(-2，2，2)
9	{(-2，2，2)，(-1，2，2)，(-2，3，2)，(-2，2，1)}	{-2，-1，-1，-1}	(-2，2，2)

由于第九轮和第八轮的最优解一样，因此可以认为当$x_1=-2$，$x_2=2$，$x_3=2$时，函数取得最小值-2。下山（爬山）结束。如果要求最大值，可以求每一轮中函数值最大的解，

作为该轮的最优解。这样每轮的结果都会比上一轮的结果大，实现爬山。我们也来看一个具体案例。

有函数$y = x_1+x_2-x_3$，x_1是区间[-2，5]中的整数，x_2是区间[2，6]中的整数，x_3是区间[-5，2]中的整数。使用爬山法，找到使y取值最大的解。假设初值为（3，5，2）。

把（3，5，2）作为第一轮的输入，得到解集为{（3，5，2），（2，5，2），（4，5，2），（3，4，2），（3，6，2），（3，5，1）}。分别代入函数中，计算函数值为{6，5，7，5，7，7}。取第一个最大值7，对应的解为（4，5，2），这就是第一轮的最优解。重复这一过程，直到函数值不再增大，这一过程如下表所示。

轮数	解集	函数值	最优解
1	{（3，5，2），（2，5，2），（4，5，2），（3，4，2），（3，6，2），（3，5，1）}	{6，5，7，5，7，7}	（4，5，2）
2	{（4，5，2），（3，5，2），（5，5，2），（4，4，2），（4，6，2），（4，5，1）}	{7，6，8，6，8，8}	（5，5，2）
3	{（5，5，2），（4，5，2），（5，4，2），（5，6，2），（5，5，1）}	{8，7，7，9，9}	（5，6，2）

续表

轮数	解集	函数值	最优解
4	{(5, 6, 2), (4, 6, 2), (5, 5, 2), (5, 6, 1)}	{9, 8, 8, 10}	(5, 6, 1)
5	{(5, 6, 1), (4, 6, 1), (5, 5, 1), (5, 6, 0), (5, 6, 2)}	{10, 9, 9, 11, 9}	(5, 6, 0)
6	{(5, 6, 0), (4, 6, 0), (5, 5, 0), (5, 6, –1), (5, 6, 1)}	{11, 10, 10, 12, 10}	(5, 6, –1)
7	{(5, 6, –1), (4, 6, –1), (5, 5, –1), (5, 6, –2), (5, 6, 0)}	{12, 11, 11, 13, 11}	(5, 6, –2)
8	{(5, 6, –2), (4, 6, –2), (5, 5, –2), (5, 6, –3), (5, 6, –1)}	{13, 12, 12, 14, 12}	(5, 6, –3)
9	{(5, 6, –3), (4, 6, –3), (5, 5, –3), (5, 6, –4), (5, 6, –2)}	{14, 13, 13, 15, 13}	(5, 6, –4)
10	{(5, 6, –4), (4, 6, –4), (5, 5, –4), (5, 6, –5), (5, 6, –3)}	{15, 14, 14, 16, 14}	(5, 6, –5)
11	{(5, 6, –5), (4, 6, –5), (5, 5, –5), (5, 6, –4)}	{16, 15, 15, 15}	(5, 6, –5)

第十轮与第十一轮的结果相同。因此可以认为，当

x_1=5，x_2=6，x_3=−5时，函数取得最大值16。爬山结束。

爬山法求的是局部极值，如果该山只有一座山峰，肯定会到达山峰，此时为全局最高。如果山峰不止一座，那么使用爬山法爬山的时候，很可能会爬到一座小山峰，发现周围没有比它更高的了，从而停止爬山，如下图所示。

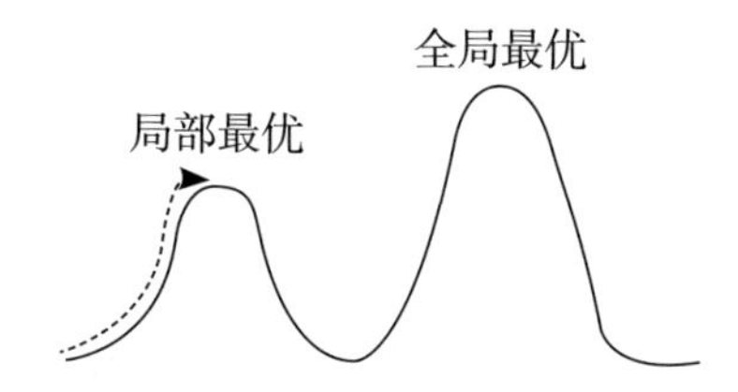

解决方法是达到山峰后，如果发现周围的点没有比它更高的，可以接受比它稍微低的点。有时走到稍微低的点后，很可能会发现它的周围有比局部最优更高的点，从而继续攀爬，爬到最高峰，即跳出局部最优。不能一条路走到黑。稍微变通一下，换一下心境或者做事的风格，可能会发现前面有更好的路。这就是山重水复疑无路，柳暗花明又一村。

梯度下降法

想象两个一模一样的小球，一个从坡度较陡的斜坡滚下，另一个从坡度较缓的斜坡滚下（如下图所示）。那么在其他条件都一样的情况下，一定是从较陡的斜坡滚下的小球更快地到达地面。

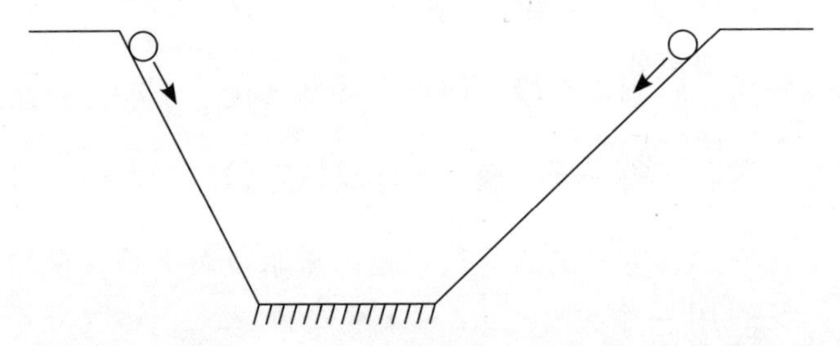

现在，如果有一位双目失明的僧侣要从高山上下来，但是他没有一位帮他指引方向的助手，只有一根导盲杖，那么他要怎么做才能最快地到达山脚呢？显然，他不能直

接靠轻功纵身一跃。但是，他可以选择坡更陡一些的方向，因为这样的方向看起来是“下降”最快的。

在数学中，我们用“梯度”（用符号∇来表示）来表述一个函数的陡峭程度。对于一元函数（即自变量只有一个）来说，梯度就是一阶导数。即对于函数$y=f(x)$来说，$\nabla f(x_i)=y'$。

对于这位僧侣来说，他的导盲杖一次探测多远，决定了他的步长。在梯度下降法中，步长也称为学习率。如果一次探测的距离过小，小心翼翼地走，那么显然需要很久才能走到山脚。但若是一次探测的距离过大，就容易错过山脚，导致他一直在山坡两侧徘徊。所以选择一个合适的步长是很重要的。也可以这样选择步长：开始时选择的步长大一些，后面更换步长，选择一个小的步长。这样一来，下山的效率会更高一些。

我们用一个函数来演示梯度下降的过程。求函数$y=x^2+2x+1$的最小值。我们通过画出函数图象可以很容易地发现，函数的最小值在$x=-1$处。

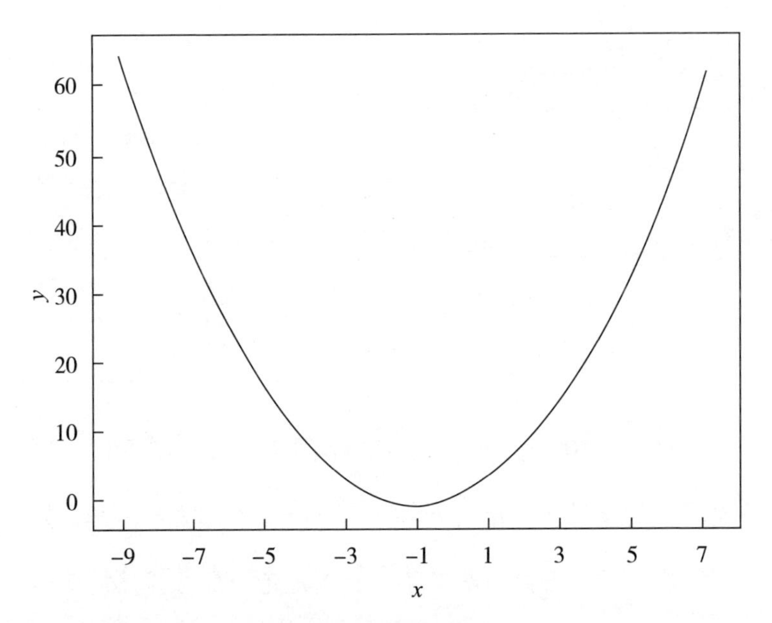

第一步，给出x的初值。我们不妨设$x_0=0$。当然，也可以令x_0等于其他值。

第二步，取步长为$\alpha=0.25$。

第三步，求出函数的一阶导数$y'=2(x+1)$，迭代公式为$x_i=x_{i-1}-\alpha(2x_{i-1}+2)$。

迭代次数（i）	初始值（x_{i-1}）	迭代后的值（x_i）	绝对误差（$\lvert x_i-x_{i-1}\rvert$）
1	0	−0.5	0.5
2	−0.5	−0.75	0.25
3	−0.75	−0.875	0.125
4	−0.875	−0.9375	0.0625

续表

迭代次数（i）	初始值（x_{i-1}）	迭代后的值（x_i）	绝对误差（$\|x_i-x_{i-1}\|$）
5	–0.9375	–0.9688	0.0313
6	–0.9688	–0.9844	0.0156
7	–0.9844	–0.9922	0.0078
8	–0.9922	–0.9961	0.0039
9	–0.9961	–0.998	0.0019
10	–0.998	–0.999	0.001

可以看出，当迭代10次之后，x的值已经非常接近真实值–1，而且绝对误差不超过0.001。若我们改变步长，则想要达到同样的绝对误差，需要迭代的次数会发生变化。例如，当步长为0.2时，需要迭代13次；当步长为0.3时，需要迭代8次；当步长为0.4时，需要迭代6次；当步长为0.5时，仅需要迭代1次，就能得到x=–1；当步长为0.6时，需要迭代6次才能保证前后两次迭代的绝对误差不超过0.001。观察步长为0.6时的6次迭代结果，如下表所示。

迭代次数（i）	初始值（x_{i-1}）	迭代后的值（x_i）	绝对误差（$\|x_i-x_{i-1}\|$）
1	0	–1.2	1.2
2	–1.2	–0.96	0.24
3	–0.96	–1.008	0.048
4	–1.008	–0.9984	0.0096

续表

迭代次数（i）	初始值（x_{i-1}）	迭代后的值（x_i）	绝对误差（$\lvert x_i-x_{i-1}\rvert$）
5	−0.9984	−1.00032	0.00192
6	−1.00032	−0.999936	0.000384

可以发现，迭代的结果在$x=-1$附近摆动，这就是步长过大的后果。而步长过小时，如$\alpha=0.01$，需要迭代150次才能达到同样的效果。

线性回归

英国生物统计学家高尔顿（Galton）在研究身高的遗传问题时最早提出了“回归”（regression）一词。他通过调查研究发现：个子高（矮）的父母的儿子一般高（矮）于平均值，但不像他的父母那么高（矮），即儿子们的高度将趋向于“回归”到平均值而不是更趋极端。这就是“回归”的原始含义。如今，回归分析成为机器学习和数理统计中最常用的预测手段，主要用于研究变量间的相关关系。

回归分析是一种可以进行预测的统计方法，主要研究因变量和自变量之间的相关关系。回归分析中，因变量y（目标）是随机变量，而自变量x是非随机变量。如果因变量和自变量均是随机变量，这属于相关分析研究的内容。

足长和身高是否有关系呢？是不是脚长的人身高一定高呢？虽然我们不知道结论，但是可以猜测足长和身高是有关系的。到底有什么关系，则需要画出散点图来研究一下。

已知20个成年男子的足长和身高的数据如下表所示。下面研究足长和身高的关系（单位：厘米）。

序号	1	2	3	4	5	6	7	8	9	10
足长	25.5	27.5	25.7	25	24.8	26.1	25.9	25	25.4	26.2
身高	179	183	179	175	174	175	176	175	175	178
序号	11	12	13	14	15	16	17	18	19	20
足长	26	25.7	26.1	25.5	26.5	25.5	25.4	25.8	26	26.5
身高	180	180	176	180	179	177	178	178	181	177

画出散点图。

可以看出足长和身高大致呈线性关系，我们使用线性回归来研究两者之间的关系。因为只有一个自变量，为一元线性回归。

有人可能会问：“没有看出在一条直线上啊！”事实上，测得数据完全在一条直线上的概率非常小。其实我们还可以使用曲线回归来拟合数据，比如$y=\sqrt{x}$等。如果我

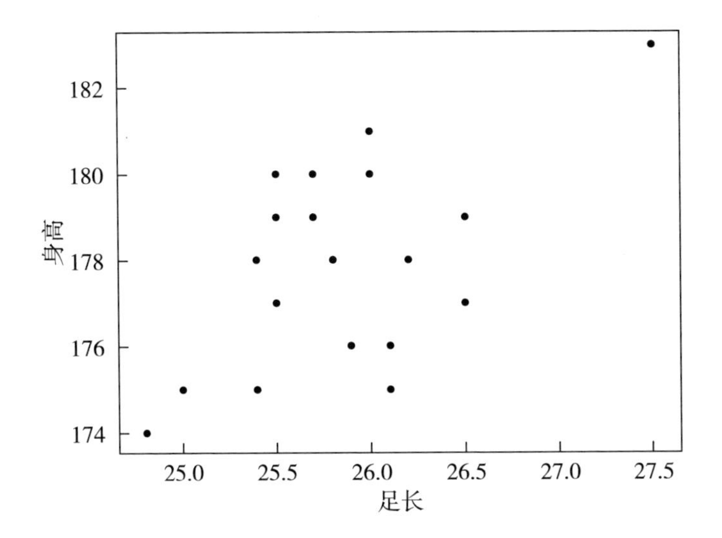

们研究的是身高与体重、足长等更多变量之间的关系，可以用多元线性回归。在进行一元回归分析前，我们先看最小二乘的概念。

1801年，意大利天文学家朱赛普·皮亚齐发现了第一颗小行星——谷神星。经过40天的跟踪观测后，由于谷神星运行至太阳背后，皮亚齐失去了谷神星的位置。随后全世界的科学家利用皮亚齐的观测数据开始寻找谷神星，但是根据大多数人计算的结果来寻找谷神星都没有结果。只有时年24岁的高斯所计算的谷神星的轨道，被奥地利天文学家海因里希·奥尔伯斯的观测所证实。这使天文界从此可以预测谷神星的精确位置。高斯使用的方法就是最小二乘法，该方法发表于他1809年的著作《天体运动论》中。其实，法国科学家勒让德于1806年就独立发明了“最小二乘法”，但不为世人所知。

最小二乘也称最小平方，指的是求真实值y_i（测量得到的值）与拟合值$\hat{y}_i$（我们使用直线拟合数据，拟合值就是同一横坐标下对应的直线上的函数值）的误差的平方和的最小值。如果拟合的效果好的话，真实值与拟合值的差距肯定很小，那么这一平方值也很小，把所有平方值求和后自然也很小。

用数学语言来描述这一推理过程，则为寻找一个拟合函数，使得$Q=\sum_{i=1}^{n}(y_i-\hat{y}_i)^2$的值最小。若我们假设变量之间是一元线性相关，就将拟合函数设为：

$$y_i=a+bx_i+\varepsilon_i,\ i=1,2,\cdots,n$$

（x_i，y_i）为观测的已知数据，ε_i表示的是误差。

在足长与身高的案例中，通过代入数据和进行一定的数值运算，我们可以得到拟合的直线方程为$\hat{y}=117+2.35x$。在刚才的散点图上再画出拟合的直线，可以看出效果还可以。

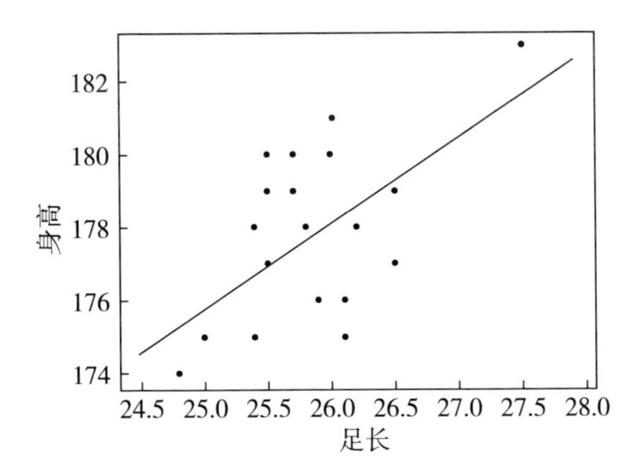

当然，回归效果是否显著，得通过假设检验完成，判断到底是线性回归效果好还是曲线回归效果好。可以把几条拟合的曲线与散点图画在同一坐标平面上，比较效果。下图为拟合的三次曲线与线性回归的比较。这只是直观的效果，从统计角度出发可以比较相关系数的大小。相关系数越接近于1，回归效果越显著。

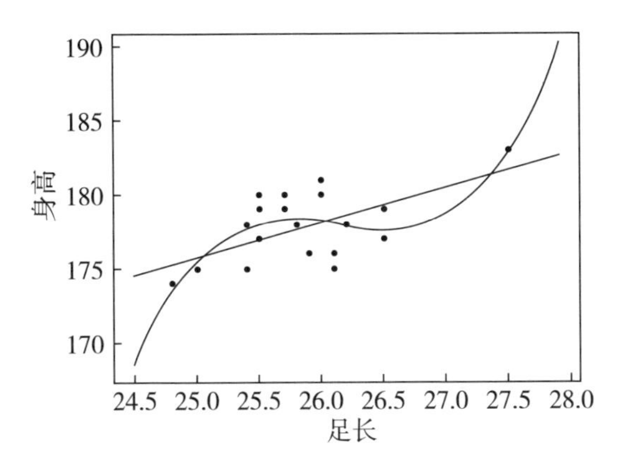

极大似然估计

北宋皇祐年间，广西的侬智高起兵反宋，自称仁惠皇帝。朝廷几次派兵征讨，均大败而归。此时，大将狄青自告奋勇，要去征讨反贼。宋仁宗十分高兴，任命他为主帅。但是因为前面几次征讨都失败了，士兵的士气不高。为了振奋士气，狄青想出了一个掷百枚铜钱的办法。他率兵刚出桂林，就到神庙里拜神，祈求神灵保佑。然后拿出100枚铜钱，当着全体官兵的面祝告："如果上天保佑这一次打胜仗，那么我把这100枚钱扔到地上时，请神灵使钱全都正面朝上。"在众目睽睽下，狄青扔下了100枚铜钱。待铜钱落地，众人便迫不及待地上前观看。不可思议的是，百枚铜钱竟真的全部正面朝上。官兵因此士气大振，狄青也最终大胜而归。

如果铜钱正面朝上的概率均为0.5，扔100枚均正面朝上的概率为（0.5）^{100}，这是一个非常小的概率事件，在一次实验中几乎不可能发生。为了稳定军心、振作士气，狄青的这次实验只许成功，不许失败。那么狄青是怎么做到的呢？铜钱中肯定存在着秘密……

我们现在考虑这样一个问题：铜钱正面朝上的概率多大，才能保证一次实验中100枚铜钱均正面朝上这个事件发生的概率最大，达到1？

假设每枚铜钱正面朝上的概率均为p，每枚铜钱掷出的结果是独立的，即它们不会相互影响。根据独立的定义，交集的概率等于概率的乘积，因此100枚铜钱均正面朝上的概率为p^{100}。这个概率称为似然函数，记为$L(p)$。当p为多少时，似然函数取得最大值呢？非常明显，$L(p)$为p的增函数（如下图所示），p越大，$L(p)$就越大。p为概率，取值范围为[0，1]，因此当p=1时，函数取得最大值。即当每枚铜钱正面朝上的概率均为1时，一次实验掷100枚硬币均正面朝上的概率最大。要使p=1，只有使这100枚铜钱的两面均为正面。

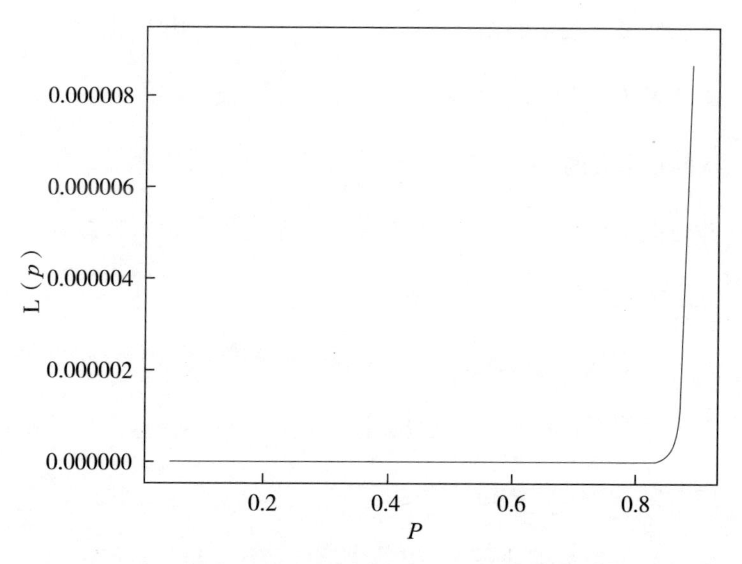

如果一次投掷100枚铜钱，有一半正面朝上一半反面朝上呢？此时似然函数为$P^{50}(1-P)^{50}$，我们可以猜到，单枚铜钱正面朝上的概率为0.5。

极大似然估计的思想就是考虑参数为多大时，某实验结果在一次实验中发生的概率最大。比如一个没有使用过枪的普通人和一个猎人一起去打猎。前方有野兔窜过，一声枪响后，野兔应声而倒。那么这一枪是谁开的？只开一枪就打中兔子，开枪者的射击水平肯定很高。因此我们可以很有信心地认为这一枪是猎人开的。这就体现了极大似然估计的思想。也有人会说："万一是普通人开的呢？"这就属于运气问题了。但在一次实验中，这种事情发生的概率是不大的。

CHAPTER 2

巧算两位数乘法

两位数的平方

12×12=?

方法1 研究边长为12的正方形的面积（如下图）。

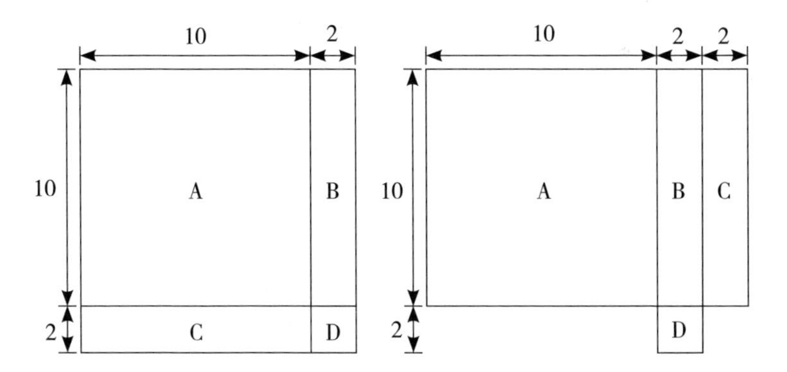

由图可知，大正方形的面积等于正方形A的面积+矩形B的面积+矩形C的面积+正方形D的面积。现将矩形C拼接到矩形B上，则矩形A+B+C的面积为（12+2）×10=140，正方

形D的面积为$2\times2=4$，因此$12\times12=140+4=144$。

方法2　拆分数字。

$$
\begin{aligned}
12\times12&=(10+2)\times(10+2)\\
&=10\times10+10\times2+10\times2+2\times2\\
&=10\times(10+2+2)+2\times2\\
&=(12+2)\times10+2\times2\\
&=144
\end{aligned}
$$

我们以xa的形式表示一个两位数，其中$x=1，2，\cdots，9$，$a=0，1，2，\cdots，9$。例如，$1a$表示十位数为1的一个两位数，$x3$表示个位数为3的一个两位数。两种方法均可得出十几的平方的计算公式为：

$$1a\times1a=(1a+a)\times10+a\times a。$$

由此可以计算$17^2=(17+7)\times10+7\times7=240+49=289$。

$24\times24=?$

$$
\begin{aligned}
24\times24&=(20+4)\times(20+4)\\
&=20\times20+20\times4+20\times4+4\times4\\
&=20\times(20+4+4)+4\times4\\
&=(24+4)\times20+4\times4
\end{aligned}
$$

$=576$

二十几的平方的计算公式为：

$$2a\times 2a=(2a+a)\times 20+a\times a$$

37×37=?

$37\times 37=(30+7)\times(30+7)$

$=30\times 30+30\times 7+30\times 7+7\times 7$

$=30\times(30+7+7)+7\times 7$

$=(37+7)\times 30+7\times 7$

$=1369$

三十几的平方的计算公式为：

$$3a\times 3a=(3a+a)\times 30+a\times a$$

……

xa的平方的计算公式为：

$$xa\times xa=(xa+a)\times x0+a\times a$$

十位数相同的两位数的乘法

两位数乘以两位数，如果不想用计算器，又想口算得出结果，有什么办法？在上一节中，我们掌握了极为特殊的一种两位数乘法：乘方。在这一节中，我们将例子泛化，讨论仅有十位数相同的两个两位数的乘法。

$18\times16=?$

方法1　研究长、宽分别为18和16的正方形的面积（如下图）。

由图可知，大正方形的面积等于正方形A的面积+矩形B的面积+矩形C的面积+矩形D的面积，现将矩形C拼接到矩形B上，则矩形A+B+C的面积为（18+6）×10=240，矩形D的面积为8×6=48，因此18×16=240+48=288。

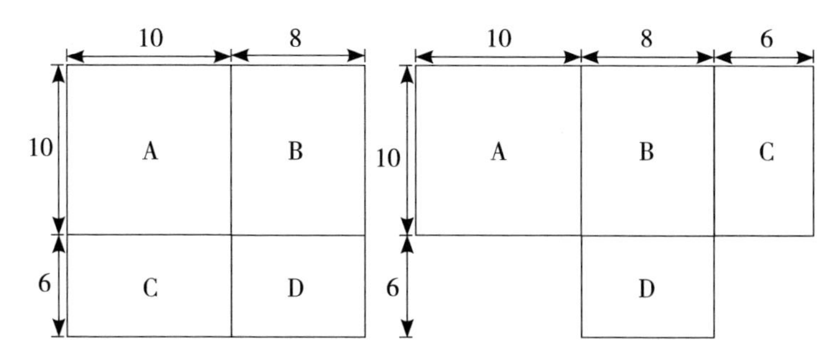

方法2　拆分数字。

$18\times16=(10+8)\times(10+6)$

$=10\times10+10\times8+10\times6+8\times6$

$=10\times(10+8+6)+8\times6$

$=(18+6)\times10+8\times6$

$=288$

两位数乘以两位数的计算公式为：

$$xa\times xb=(xa+b)\times x0+a\times b$$

方法3　凑整。

95×93=?

$95\times93=(100-5)\times(100-7)$

$=100\times100-100\times5-100\times7+5\times7$

$=100\times(100-7-5)+5\times7$

$=100\times 88+5\times 7$

$=8800+35$

$=8835$

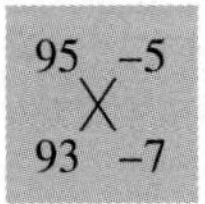

先计算 95−7=88，再计算（−5）×（−7）=35，将它们合在一起，为 8835。原因是 88×100+35=8835。

18×16=?

$18\times 16=(20-2)\times(20-4)$

$=20\times 20-20\times 4-20\times 2+2\times 4$

$=20\times(20-4-2)+2\times 4$

$=20\times 14+2\times 4$

$=280+8$

$=288$

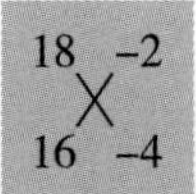

先计算 18−4=14，14×2=28，再计算（−2）×（−4）=8，将它们合在一起，为 288。即 14×20+8=288。

43×45=?

$43\times 45=(50-7)\times(50-5)$

$=50\times 50-50\times 5-50\times 7+7\times 5$

$=50\times(50-5-7)+5\times7$

$=50\times38+7\times5$

$=100\times(38\div2)+7\times5$

$=1935$

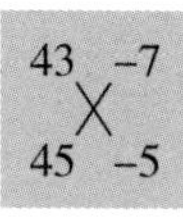

先计算 43−5=38，38÷2=19，再计算（−7）×（−5）=35，将它们合在一起，为 1935。即 38×50+35=38×100/2+35=19×100+35=1935。

33×35=?

$33\times35=(40-7)\times(40-5)$

$=40\times40-40\times7-40\times5+7\times5$

$=40\times(40-7-5)+7\times5$

$=40\times28+7\times5$

$=1120+35$

$=1155$

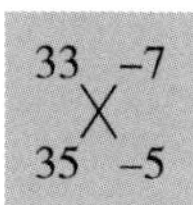

先计算 33−5=28，28×40=1120，再计算（−7）×（−5）=35，将它们加在一起，为 1155。即 28×40+35=1155。

$76\times79=?$

$$76\times79=(80-4)\times(80-1)$$

$$=80\times80-80\times4-80\times1+4\times1$$

$$=80\times(80-4-1)+4\times1$$

$$=80\times75+4\times1$$

$$=6000+4$$

$$=6004$$

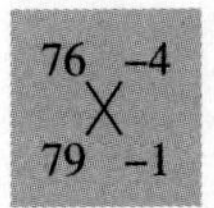

先计算 76–1=75，75×80=6000，再计算（–4）×（–1）=4，将它们加在一起，为 6004。即 75×80+4=6004。

可总结规律：

$$xa\times xb=[xa+(b-10)]\times(x+1)\times10+(a-10)\times(b-10)$$

十位数相同，个位数的和等于10

64×66=?

64×66=（60+4）×（60+6）

=60×60+60×6+60×4+4×6

=60×（60+4+6）+4×6

=60×70+4×6

=4200+24

=4224

先计算4×6=24，再计算6×7=42，合在一起得到64×66=4224。

83×87=?

83×87=（80+3）×（80+7）

$=80\times 80+80\times 7+80\times 3+3\times 7$

$=80\times(80+7+3)+3\times 7$

$=80\times 90+3\times 7$

$=7200+21$

$=7221$

先计算$3\times 7=21$，再计算$8\times 9=72$，合在一起得到$83\times 87=7221$。

可总结规律：$ab\times ac=[a\times(a+1)]\times 100+b\times c$

计算$xa\times xb$，结果的后两位（十位和个位）为$a\times b$，前两位（或一位）（千位和百位）为$x\times(x+1)$，若$a\times b$不是2位，前面补0。

万能算法

15×19=?

15×19=（10+5）×（10+9）

=10×10+10×5+10×9+5×9

=1×100+（5+9）×10+5×7

=100+140+45

=285

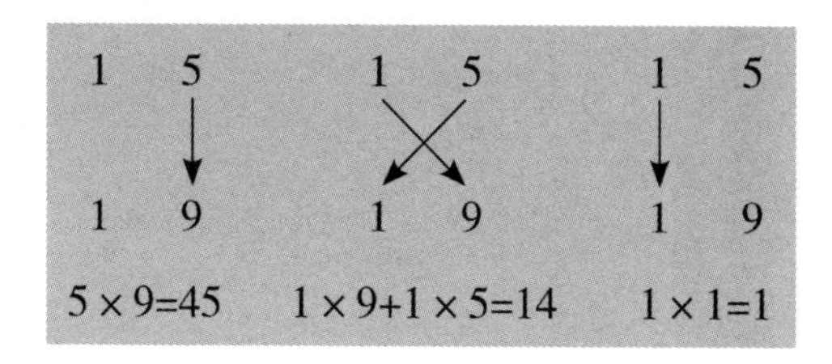

先计算右边的两个个位数的乘积，为5×9=45，5

留下，4准备进位用。再十字相乘，$1\times9+1\times5=14$，$14+4=18$，8留下，1准备进位用。两个十位数相乘，$1\times1=1$，$1+1=2$，最后结果为285。

$46\times63=?$

$$
\begin{aligned}
46\times63&=(40+6)\times(60+3)\\
&=40\times60+40\times3+60\times6+6\times3\\
&=24\times100+(4\times3+6\times6)\times10+6\times3\\
&=2400+480+18\\
&=2898
\end{aligned}
$$

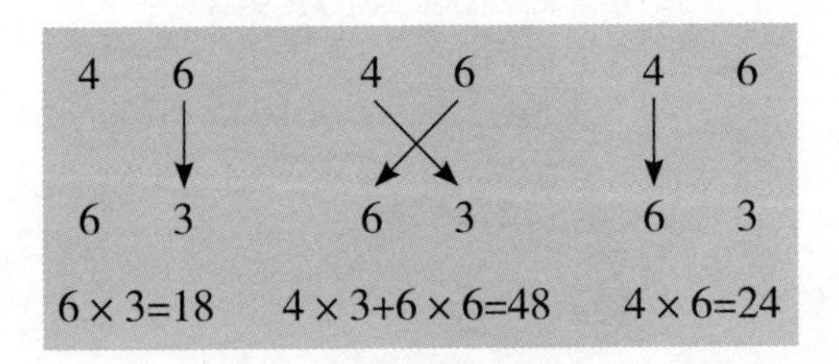

先计算右边的两个个位数的乘积，为$6\times3=18$，8留下，1准备进位用。再十字相乘，$4\times3+6\times6=48$，$48+1=49$，9留下，4准备进位用。两个十位数相乘，$4\times6=24$，$24+4=28$，最后结果为2898。

练习 请你试试用本章所学的方法巧算下列式子吧!

87×87　　36×36　　24×27

95×98　　84×86　　32×86

挑战 请将两位数乘法的原理推广到三位数乘法，并计算以下式子。

998×996　　999×896

CHAPTER 3

奇妙的几何

7 8 9 ÷

4 5 6 x

1 2 3 -

0 . + =

完美的形状——圆

水银体温计是我们日常生活中常见的物品。不知道大家有没有发现，水银体温计的横截面是三角形的。因为水银体温计测量的温度范围很窄，为保证测量精度需要使用水银，而为降低成本和避免水银泄漏造成汞中毒，水银体温计中水银的量很少。所以为了看得清楚，将横截面做成三角形（近似三角形），这样从正面看会形成凸透镜放大效果，从而保证纤细的水银柱被看清。此外，三角形具有稳定性。这也是为什么农村房屋的房顶和房梁会造成三角形——这样会更稳固。

不同于外截面，温度计的水银柱本身（毛细管）的横截面是圆的。其实生活中还有很多物体的横截面是圆形，比如下水道、煤气管道、锅、碗、瓢、盆、圆桌等。为什么管道的横截面常常是圆形的呢？我们可以从以下三个角度来看。

从数学角度看，在周长相同的情况下，圆形是所有图形中面积最大的。面积最大，自然排水量也就最多。

从经济角度看，圆形既然是所有图形中周长相同而面积最大的，那么设计成圆形可以减少材料的使用而获得最大的储存空间。用相同材料做出的物品容积最大。

从力学角度看，在周长相同的情况下，圆形排水管要比其他形状的排水管受到的水管阻力更小。因为圆形受力均匀，没有应力集中，其他截面形状的排水管在边角部位容易出现断裂问题。另外，横截面是圆形的话，还便于搬运。

自然界中绝大多数植物的根、茎的横截面也是圆形的，这样能输送和储藏更多的养料和水分，承受最大的横向作用力，也就是在同等外力（如风力）作用下，不容易倒伏。

下面以圆形和正方形为例，证明同周长的圆和正方形，圆的面积更大。

设圆的半径为r，正方形的边长为a，则圆的周长为$2\pi r$，正方形的周长为$4a$。周长相等，则$2\pi r=4a$，$a=\pi r/2$，正方形的面积为$a^2=\left(\frac{\pi r}{2}\right)^2=\frac{\pi^2r^2}{4}$，圆的面积为$\pi r^2$。圆的面积减去正方形的面积为$\pi r^2-\frac{\pi^2r^2}{4}=\pi r^2(1-\frac{\pi}{4})>0$，所以圆的面积大于正方形的面积。

美丽的曲面——球面

球面方程为 $x^2+y^2+z^2=R^2$，下面是它在三维坐标下的图形。

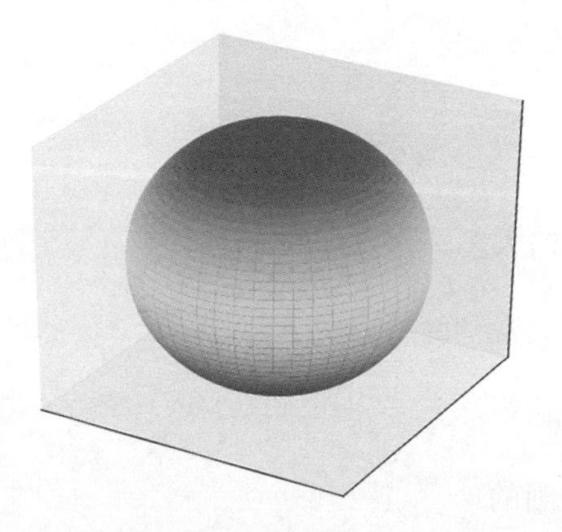

球形在日常生活中非常常见，如足球、乒乓球、篮球、排球、高尔夫球、台球、棒球、曲棍球等。孩子的玩具，如小皮球、海洋球等都是球形的。

为什么制作成球形呢？因为圆球滚动时摩擦力最小，易于滚动和拍打。如果是方形或其他形状，棱角非常容易伤人，也不容易滚动和拍打。另外，球形的每一个方向受力都一样，受力比较均匀。

球的泛化形式是椭球。椭球面方程为 $\frac{x^2}{a^2}+\frac{y^2}{b^2}+\frac{z^2}{c^2}=1$。若$a=b=c$，椭球面就变为了球面；若$a$，$b$，$c$中有两个相等，为旋转椭球面。下面是它在三维坐标下的图形。

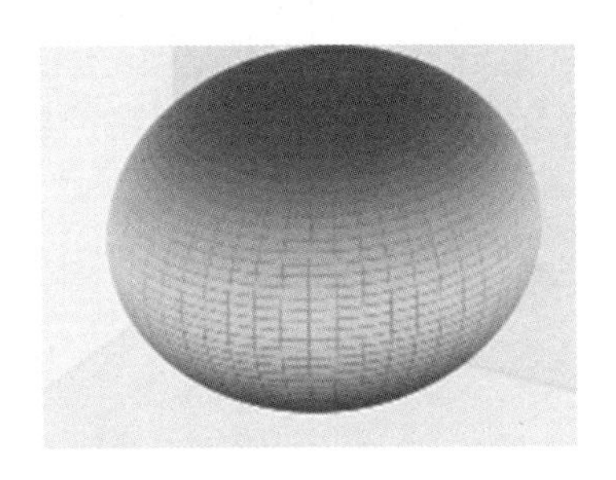

宇宙中的大多数星体都是椭球形的，因为星体的结构很复杂，它们受到的自身的以及来自外界的力往往是不平衡的。正圆的星体几乎不可能存在。但是大多数星体看起来像一个正圆的球。妊神星是一个橄榄球状的天体（如下图）。它是在2004年被发现的，位于太阳系边缘上的柯伊伯带，是太阳系的第四大矮行星。

妊神星为什么是橄榄球状的呢？因为它的自转速度极快，自转一周只需要四个小时。转速太快导致它的极轴发生了变化，它的长轴是短轴的两倍，从而成为椭球体。

地球受长期自转的累积效应，现在已经不是规则的球体，也变成了椭球体。

美丽的曲面——圆锥面

一条曲线绕一条直线旋转一周产生的曲面叫作旋转面。这条曲线称为母线，这条直线称为转轴。

圆锥面的方程为$z=\sqrt{x^2+y^2}$，它的母线为$z=y$，旋转轴为z轴。下面是它在三维坐标下的图形。

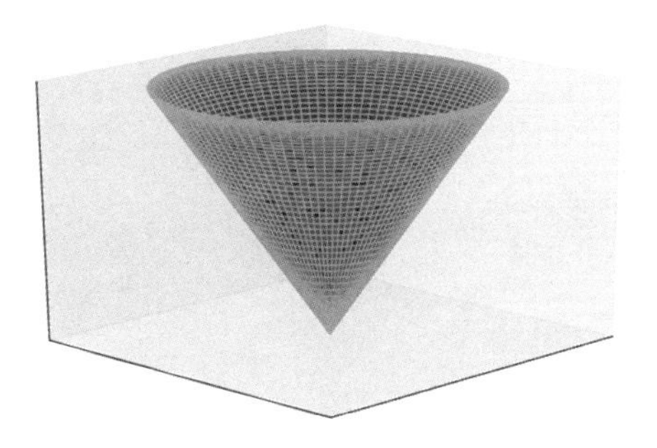

生活中圆锥形的物品是非常常见的，如羽毛球、陀螺、漏斗和沙漏等均是圆锥形的。有些粽子也是圆锥形的。

很多建筑的顶部采用圆锥形的设计，如天坛，不仅体现出一种对称、庄重的美感，更能有效地引导雨、雪滑落，保护房屋主体结构，并有效承重。

美丽的曲面——旋转抛物面

旋转抛物面看上去就像“圆润”的圆锥面。

旋转抛物面的方程为$z = x^2 + y^2$，它的子午线为$z = y^2$，转轴为z轴。下面是它在三维坐标下的图形。

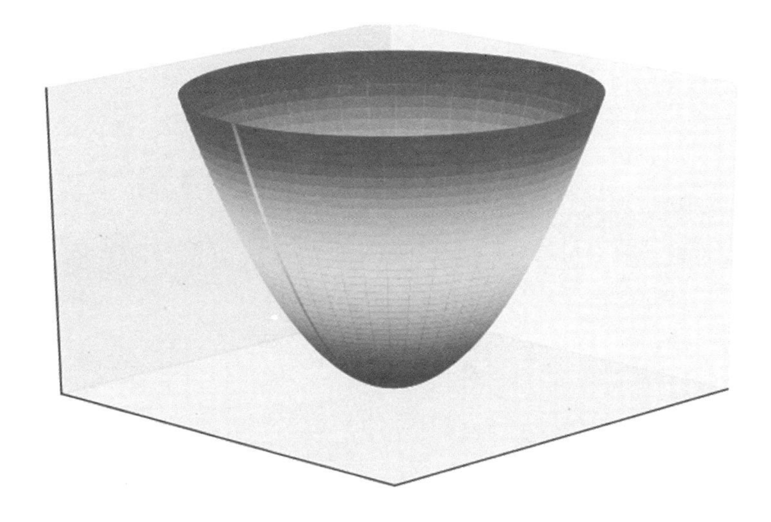

卫星电视接收常采用旋转抛物面天线，而抛物面天线的反射面与我们日常生活中使用的铁锅外形相似。人们称卫星接收天线为卫星锅、电视锅或卫星锅盖，简称“锅”。有的近视眼镜的镜片是旋转抛物面，牛顿式天文望远镜的主镜有的也是旋转抛物面的。

美丽的曲面——双曲抛物面 

双曲抛物面的方程为$\frac{x^2}{a^2}-\frac{y^2}{b^2}=z$。其形状与马鞍相似，故又被称为马鞍面，下面是它在三维坐标下的图形。

看到这张图，你能想到什么？有没有想到薯片？这种形状的结构之间的相互作用稳固，既能抗压又能抗拉，在

压力和拉力之间形成了巧妙的平衡。买一包品客的罐装薯片，用手掰裂一片薯片，其裂痕的走向往往不一致，这是因为马鞍面的造型分散了受力，并不存在可预测的断裂方向。拥有双曲抛物面的薯片，即使厚度很薄，在包装和运输过程中也不易碎，堆叠在一起存放也更适合。

双曲抛物面在建筑中的应用也十分广泛。相对很多其他曲面，双曲抛物面的屋顶节省资源成本，且其形状不同于一般的平面型建筑，集美观与实用于一体。在建筑上，将马鞍面运用到极致的是菲利克斯·坎德拉。由“马鞍面”所形成的飘逸的屋面，是其建筑作品的典型标签。

帕尔米拉教堂（如下图所示）的主体就是由单个双曲抛物面组成，一侧被切割成弧线，另一侧被直角切割。

霍奇米洛克餐厅，由4个双曲抛物面组成，形成了内部无柱大空间。该建筑形态体现了数学美、结构美，是结构与建筑的统一。

国内采用双曲抛物面的建筑有四川成都露天音乐公园、温州未来体验馆和国家速滑馆等。温州未来体验馆为马鞍形木质结构，是国内最大的异形木质结构，外形极具美感。

美丽的曲面——抛物柱面

一簇平行直线形成的曲面叫柱面。直线叫母线，与每条母线都相交的线叫准线。

抛物柱面的方程为$y=x^2$。单看方程$y=x^2$，在平面直角坐标系中，为顶点在原点，开口向上的抛物线，但是在三维空间中，它的母线平行于z轴，准线为xoy面上的抛物线，让母线沿着抛物线移动，移动的过程就形成了曲面，即抛物柱面。三个字母x，y，z缺哪个变量，母线就平行于哪个轴。

下面是它在三维坐标下的图形。

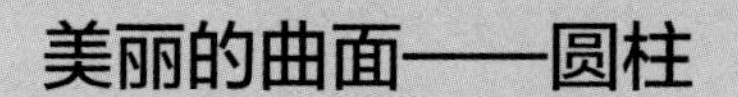

美丽的曲面——圆柱

圆柱是特殊的柱面，它的方程为 $x^2 + y^2 = R^2$ 。它的母线平行于z轴，准线为xoy面上的圆 $x^2 + y^2 = R^2$ 。下面是它在三维坐标下的图形。

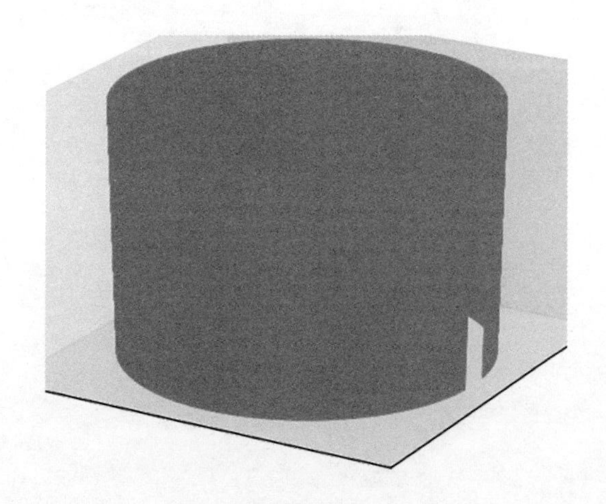

生活中有很多东西是圆柱体的。圆柱体上下底都为

圆形，受力均匀。同样面积的材料，做成柱状容器，圆柱形容积最大。水桶、茶叶罐、月饼盒、奶粉桶、笔筒、粉笔、电线杆和蜡烛等常常是圆柱形的。

圆筒纸罐包装已在食品、礼品、化妆品、电子产品和服装首饰等行业领域得到广泛应用，能够满足市场对纸罐包装多样化的定制需求。

美丽的曲面——单叶双曲面

单叶双曲面的方程为$\frac{x^2}{a^2}+\frac{y^2}{b^2}-\frac{z^2}{c^2}=1$。下面是它在三维坐标下的图形。

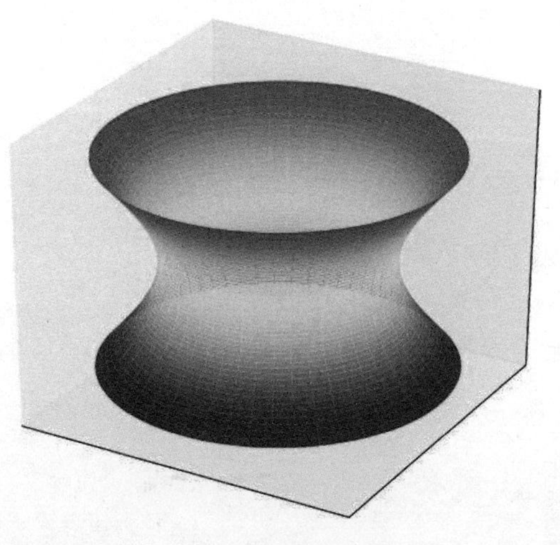

由于单叶双曲面结构具有良好的稳定性和漂亮的外

观，且可以用直的钢梁建造，所以常被应用于大型的建筑结构中，如发电厂的冷却塔、电视塔等，不仅可以减少风的阻力，还节省材料。冷却塔做成单叶双曲面的优点是对流快、散热效果好，能提高冷却的效率。广州电视塔（小蛮腰）的主体结构也是一个典型的单叶双曲面，整个塔身从不同的方向看会出现不同的造型。日本的神户港塔外形也是单叶双曲面。

美丽的曲线

1. 阿基米德螺线

阿基米德螺线的极坐标方程为：

$$\rho = a + b\theta, 0 \leqslant \theta \leqslant 2\pi$$

直角坐标方程为：

$$\begin{cases} x = (a + b\theta)\cos\theta, \\ y = (a + b\theta)\sin\theta, \end{cases} 0 \leqslant \theta \leqslant 2\pi$$

射线 $\overrightarrow{OP}$ 以等角速度绕点O旋转，点P沿动射线 $\overrightarrow{OP}$ 以等速率运动，点P的轨迹称为“阿基米德螺线”，是匀速直线运动和匀速圆周运动的合成（如下图所示）。

夏季的晚上，蚊子是最烦人的，总是嗡嗡地在身边乱飞。此时，我们可以涂抹花露水，可以佩戴驱蚊手环，还可以在房间里点一盘蚊香。蚊香的形状便为阿基米德螺线。

阿基米德螺线是螺旋形的一种。螺旋状灯管、开红酒用的起子、保温杯杯口的螺纹、旋转楼梯、弹簧等都是螺旋形的。大自然中的龙卷风、水里的漩涡也都是螺旋形的。也有些与螺旋形相关的植物，比如牵牛花，它为了能够获取更多的阳光，缠绕在别的植物身上向上生长，因为大多数植物的枝干是圆柱形的，因此它爬出来的曲线为螺旋形。螺类动物的外壳都呈螺旋状，不过它们在外形上却有很大区别，有像宝塔的，有像圆锥的，有像纺锤的，有像陀螺的，还有像盘子的。蜗牛的壳也是螺旋形的。

2. 心形线

心形线的极坐标方程为：

$$\rho = 1 - \cos\theta, 0 \leqslant \theta \leqslant 2\pi$$

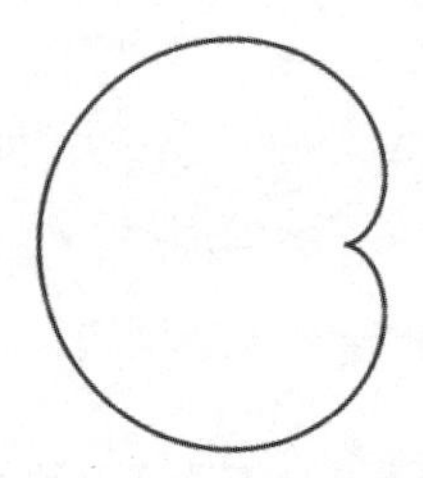

大家一看这个图形，就会想到爱心。这也是心形线得名的由来。

CHAPTER **4**

有趣的概率

7 8 9 ÷
4 5 6 x
1 2 3 −
0 . + =

马尔科夫链的无记忆性

“人生就像一条马尔可夫链，你的未来取决于你当下正在做的事情，而无关你过去做完的事情。”有人过去经常作恶，甚至被关到监狱中，但是他出狱后痛改前非，积极努力地生活，不再作恶，那么他的未来也是可期的。“马尔可夫链”是一种随机过程，具有无记忆性的特点。

电影里经常会出现这样的桥段：某个人出车祸，头部遭到重击，于是失忆，只记得清醒后的事情，而将以前的事情都忘记了。马尔可夫链也拥有无记忆性这个特点，即t时刻的状态只与$t-1$时刻的状态有关，而与以前时刻的状态无关。无记忆性这个性质说明未来结果只与现在结果有关，与过去无关。

古代的人特别注重家族传承，讲究人丁兴旺，多子多福，因此书写族谱，印证家族的兴亡。子辈的儿子有多少，与父辈的人数是有关系的，但是与祖父辈甚至曾祖父辈的人数关系不大。有可能祖父一辈的人数很多，但是由于大都生了女儿，而导致父辈的人数比较少，子辈的人数可能也会相对比较少，因此子辈的儿子多少与父辈人数多少有关，和祖辈的人数多少关系不大。这也满足马尔可夫链的无记忆性。

在股市中，当天的开盘价只与昨天的收盘价有关，与前天甚至以前的收盘价是无关的，具有无记忆性。昨天的收盘价和开盘价相比分三种情况：开盘价大于收盘价，即股价跌了；开盘价小于收盘价，股价上涨了；开盘价和收盘价相等，股价持平。今天的股价也有三种状态：涨、跌、持平。假设昨天涨的条件下，今天股价仍然上涨的概率为0.2，下跌的概率为0.4，持平的概率为0.4；而昨天下跌的条件下，今天的股价上涨的概率为0.3，下跌的概率为0.4，持平的概率为0.3；昨天持平的条件下，今天的股价上涨的概率为0.5，下跌的概率为0.3，持平的概率为0.2。可以把这些概率写成矩阵，称为状态转移概率矩阵。

$$P=\begin{bmatrix}0.2 & 0.4 & 0.4\\0.3 & 0.4 & 0.3\\0.5 & 0.3 & 0.2\end{bmatrix}$$

由昨天股价是上涨、下跌还是持平，还可以利用一步状态转移概率矩阵求出明天股价上涨、下跌还是持平的概率。比如昨天股价是上涨，则明天股价上涨的概率为0.36。

矩阵乘法$\boldsymbol{C=AB}$：矩阵$\boldsymbol{C}$的第i行第j列元素等于第一个矩阵$\boldsymbol{A}$的第i行的元素与第二个矩阵$\boldsymbol{B}$的第j列元素相乘求和的结果。

$$P^2=\begin{bmatrix}0.36 & 0.36 & 0.28\\0.33 & 0.37 & 0.3\\0.29 & 0.38 & 0.33\end{bmatrix}$$

有很多人使用马尔可夫链研究股价的变化情况。

随机模拟的应用——计算圆周率

圆周率是圆的周长与直径的比值，一般用希腊字母π表示，是一个我们从小学就开始接触的常数。下面我们来看看圆周率具体数值的演化过程。

约公元前1世纪的《周髀算经》（证明了勾股定理）中就有“径一而周三”的记载。直径为1，则周长为3，即π=3。汉朝时，张衡推算出圆周率等于$\sqrt{10}$（约为3.162）。南北朝时，祖冲之推算出圆周率在3.1415926至3.1415927之间。魏晋时期的著名数学家刘徽用“割圆术”计算圆周率，给出了3.141024的近似值。

以投针与掷硬币实验而闻名的法国数学家蒲丰在《或然性算术实验》一书中提出了著名的投针问题，用实验的方法计算出圆周率的近似值。通过概率实验所求的概率来估计一个常量，这样的方法称为随机模拟方法，也称为蒙特卡罗方法。

蒙特卡罗方法是在第二次世界大战期间随着计算机的诞生而兴起和发展起来的。这种方法在应用物理、原子能、固体物理、化学、生态学、社会学以及经济行为等领域中得到广泛应用。

对于围棋来说，棋盘纵横各19道，共有361个交叉点。对手下一棋子，我方有360种走法，以此再向下测算，棋局数量以指数级别增长，搜索量达到了惊人的10^{170}，目前计算机根本不可能完成，所以围棋早先一直被认为是计算机无法战胜的。2006年，在引入了蒙特卡罗树搜索后，计算机可以给出一个状态来选择最佳的下一步。AlphaGo正是在这一方法的基础上，于2016年在围棋上击败了人类顶级选手。

随机模拟怎么用呢？我们分别从计算圆周率、无理数e和几何图形的面积这几个方面看随机模拟的应用。

假设有一个中心在原点、边长为2的正方形，画出它的圆心在原点、半径为1的内切圆。向正方形中随机地投点，观察点落入单位圆内的个数，计算频率，从而计算圆周率。这个方法称为随机投点法。

使用随机投点法计算圆周率时，只需要统计落在圆内的点的个数n和正方形内的点的个数N，两者的商为点落在圆内的频率。将投点实验大量重复地进行，根据贝努利大数定律，当做的实验次数足够多时，频率值近似等于概率。使用几何概型，计算投点落在圆内的概率。圆的面积和正方形的面积的商等于点落在单位圆内的概率p，有$p=\frac{S_{圆}}{S_{正方形}}=\frac{\pi\times 1^2}{2\times 2}=\frac{\pi}{4}$，所以$\pi=4p$，从而计算出圆周率的近似值。

用计算机模拟时，当N=10000时，圆周率的近似值为3.1408。

随机模拟的应用——计算无理数e

无理数e是自然对数函数的底数，也称为欧拉数，以瑞士数学家欧拉（Euler）命名。我们使用随机模拟的方法来计算e的近似值。

若想使用随机投点法计算无理数e的近似值，首先得给出一条与e相关的曲线，我们使用曲线$y=e^x$。

画出一个位于第一象限，顶点在原点，长为e宽为1的长方形，它的面积为e。然后画出曲线$y=e^x$，它与$x=0$，$x=1$，以及x轴围成的区域为D，使用定积分计算区域D的面积：$S_D=\int_0^1 e^x dx = e-1$。

向长方形中随机地投点，观察点落入区域D内的个数，计算频率，从而计算e。使用随机投点法计算e时，只需要统计落在区域D内的点的个数n和长方形内的点的个数N，两者的商为点落在区域D内的频率。将投点实验大量重复地进行，根据贝努利大数定律，当做的实验次数足够多时，频率值近似等于概率。使用几何概型，计算投点落在区域D内的概率。区域D的面积和长方形面积的商等于点落在区域D内的概率p，有$p=\frac{S_{\mathrm{D}}}{S_{长方形}}=\frac{\mathrm{e}-1}{1\times\mathrm{e}}=1-\frac{1}{\mathrm{e}}$，所以$\mathrm{e}=\frac{1}{1-p}$，从而计算出e的近似值。

长方形的横坐标x的范围为[0，1]，纵坐标y的范围为[0，e]。区域D的横坐标x的范围为[0，1]，纵坐标y的范围为[0，e^x]。

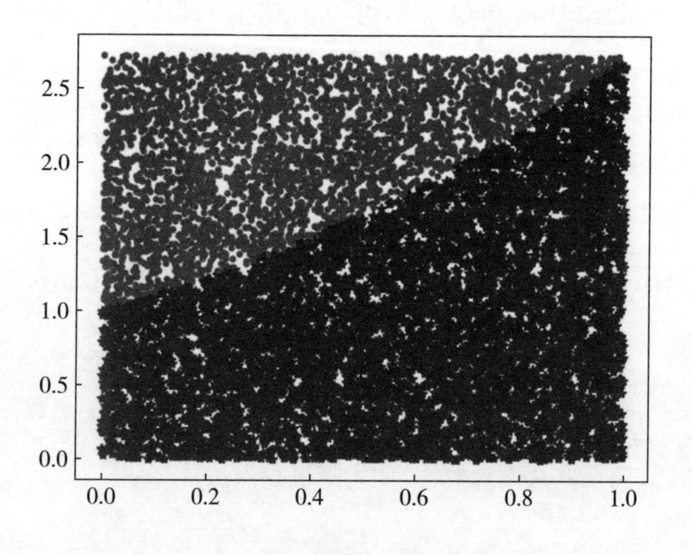

如果点在区域D内，把点标为★，不在区域D内，标为·。统计不同点的个数，计算频率n/N。使用频率近似代替概率，从而计算出e的近似值。

用计算机模拟这一过程，当N=10000时，e的近似值为2.7107617240444566。

随机模拟的应用——计算平面图形的面积

平面图形对应的函数为$y=f(x)$。我们下面计算曲线$y=f(x)$与$x=0$，$x=1$，以及x轴围成的区域D的面积。

例1　计算$y=x2$与$x=0$，$x=1$围成的平面图形的面积。

画出一个位于第一象限，顶点在原点，边长为1的正方形，它的面积为1。然后画出曲线$y=x^2$，它与$x=0$，$x=1$，以及x轴围成的区域为D，D的面积记为S_D。

向正方形中随机地投点，统计落在区域D内的点的个数n和正方形内的点的个数N，两者的商为点落在区域D内的频率。区域D的面积和正方形的面积的商等于点落在区域D内的概率p，有$p=\frac{S_D}{S_{正方形}}=\frac{S_D}{1}=S_D$，所以$S_D=p$，从而计算出图形的面积。

正方形的横坐标x的范围为[0，1]，纵坐标y的范围为[0，1]。区域D的横坐标x的范围为[0，1]，纵坐标y的范围为[0，x^2]。

如果点在区域D内，把点标为★，不在区域D内，标为·。统计不同点的个数，计算频率n/N。使用频率近似代替概率。

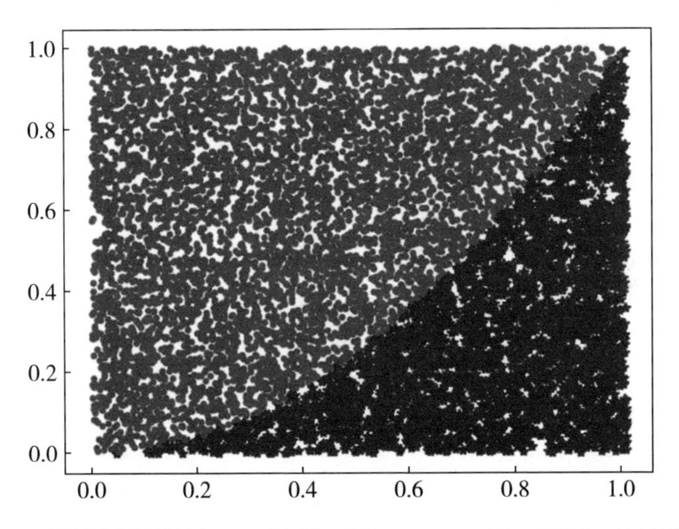

用计算机模拟这一过程，当N=10000时，区域D的面积的近似值为0.3357，与使用定积分得到的真实值$\frac{1}{3}$相差不大。因此随机投点法也可以用于计算定积分。

例2　计算$y=\sin x$与x=0，$x=\frac{\pi}{2}$围成的平面图形的

面积。

画出一个位于第一象限，顶点在原点，长为1，宽为$\frac{\pi}{2}$的长方形，它的面积为$\frac{\pi}{2}$。然后画出曲线$y=\sin x$，它与$x=0$，$x=\frac{\pi}{2}$，以及x轴围成的区域为D，D的面积记为S_D。

向长方形中随机地投点，统计落在区域D内的点的个数n和长方形内的点的个数N，两者的商为点落在区域D内的频率。区域D的面积和长方形的面积的商等于点落在区域D内的概率，有$p=\frac{S_D}{S_{长方形}}=\frac{S_D}{\frac{\pi}{2}}$，$S_D=\frac{\pi}{2}p$，从而计算出图形的面积。

长方形的横坐标x的范围为$\left[0,\frac{\pi}{2}\right]$，纵坐标$y$的范围为[0，1]。区域D的横坐标$x$的范围为$\left[0,\frac{\pi}{2}\right]$，纵坐标$y$的范围为[0，sin$x$]。

如果点在区域D内，把点标为★，不在区域D内，标为·。统计不同点的个数，计算频率n/N。使用频率近似代替概率。

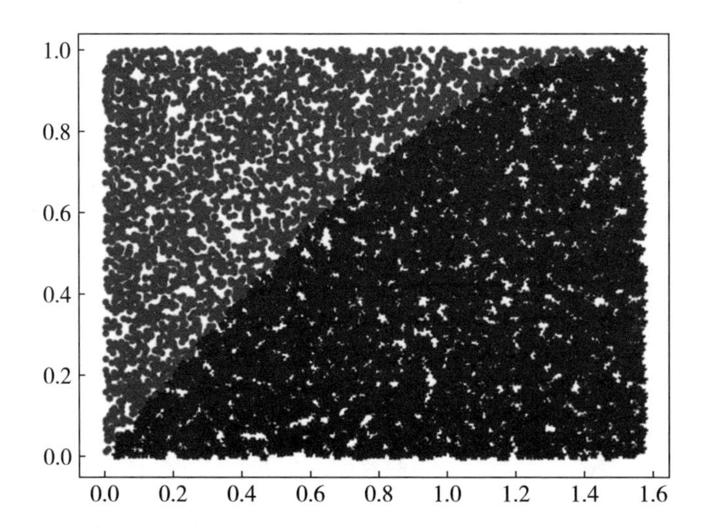

用计算机模拟该过程，当N=10000时，区域D的面积的近似值为1.0042100917199774，与使用定积分得到的真实值1相差不大。

有趣的模运算

一天的时间为24小时，而13点也可以看作下午1点，20点就是晚上8点。为什么可以这样计算呢？这是24小时制和12小时制的转换，在这一过程中，我们在使用模运算。13除以12余1，20除以12余8。

这样可以定义模运算为：存在整数k，a，b，n，使得$b-a=kn$，即$b-a$是n的倍数，则称a与b模n同余，记为$b\equiv a \bmod n$，mod为模的简写，符号≡表示同余。上面的例子里，$13\equiv 1 \bmod 12$，$20\equiv 8 \bmod 12$。

学生军训时，教官经常会发出下面的指令：大家1、2报数，数1的向前一步，或者1、2、3报数，数1的向前一步，数3的后退一步，这样分成3队。使用这种方法可以看出整个队伍的人数是否是2的倍数或者3的倍数。

为汉朝的建立立下汗马功劳的淮阴侯韩信是一个非常会用兵，擅长打仗的将领。有一次，韩信带领1500个士兵外出打仗，战死四五百人。为了统计剩余人数，他令士兵3人一排，最后一排只有2人；5人一排，最后一排只有3人；7人一排，最后一排只有2人。韩信据此很快计算出人数：1073人。充分展示了他的数学才能。

约一千五百年前的《孙子算经》曾经提出物不知数问题："今有物不知其数，三三数之剩二，五五数之剩三，七七数之剩二，问物几何？"

明朝数学家程大位将解法编成易于上口的《孙子歌诀》："三人同行七十稀，五树梅花廿一支，七子团圆正半月，除百零五便得知。"

这首诗就是物不知数问题的解法，将除以3得到的余数乘以70，除以5得到的余数乘以21（廿一），除以7得到的余数乘以15（半月），全部加起来后除以105得到的余数就是答案，即$2\times70+3\times21+2\times15=233$，然后除以105，得到余数为23。当然，正确答案不止一个，还有$23+105=128$，

23+2×105=233，23+3×105=338……

现在的问题是，70、21、15和105是怎么得出来的呢？韩信又是如何确定具体人数的呢？这需要引入中国剩余定理，定理要求3、5、7这三个数两两互素。

素数指的是除了1和其本身，再没有其他的因数，比如2、3、5、7、11、13、17、19等都是素数，而14不是素数，它有两个因数2和7。互素不是指互为素数，而是两个数除了1以外，没有其他公因数，即最大公因数为1，比如4和9就是互素的，它们的最大公因数为1。

令m_1=3，m_2=5，m_3=7，b_1=2，b_2=3，b_3=2（余数），则M=3×5×7=105，M_1=5×7=35，M_2=3×7=21，M_3=3×5=15。求y_1，y_2，y_3，使$M_1y_1 \equiv 1 \bmod m_1$，$M_2y_2 \equiv 1 \bmod m_2$，$M_3y_3 \equiv 1 \bmod m_3$。将具体数字代入，即为：

$$\begin{cases} 35y_1 \equiv 1 \bmod 3 \\ 21y_2 \equiv 1 \bmod 5 \\ 15y_3 \equiv 1 \bmod 7 \end{cases}$$

使用代入法求解，从1开始试，很容易得出y_1=2，y_2=1，y_3=1。而未知数$x \equiv (b_1M_1y_1 + b_2M_2y_2 + b_3M_3y_3) \bmod M$，

其中：

$$\begin{cases} M_1y_1 = 35\times 2 = 70 \\ M_2y_2 = 21\times 1 = 21 \\ M_3y_3 = 15\times 1 = 15 \end{cases}$$

到现在，70、21、15都计算出来了，因此$x \equiv$（2×70+3×21+2×15）mod105=23。上面使用中国剩余定理解决了物不知数问题，我们现在再来看韩信点兵问题。

韩信令士兵3人一排，最后一排只有2人，即被3除余2；5人一排，最后一排只有3人，即被5除余3；7人一排，最后一排只有2人，即被7除余2。这一条件跟物不知数问题相同，而刚才我们已经算出最少的人数为23。从前提条件中，我们得知1500人中死亡了四百多人，还剩一千余人，因此可以计算23+10×105=1073，算出共1073人。

最大公因数求法——因数分解和辗转相除

某人新买了房子，想要装修卫生间。他有个癖好，不能看见瓷砖大小不一，于是他和装修公司商量："具体瓷砖大小我不介意，但是你们得铺大小相同的方形瓷砖。"怎么做到这一点呢？装修工人测量了卫生间的长和宽，长为2.4米，宽为1.8米。如何选瓷砖的尺寸呢？

上一节提到了最大公因数，指的是数a和b的因数中最大的那个整数。那么怎么求最大公因数呢？如果两个数比较小的话，可以进行因数分解，把数a和b分解为素数的乘积，提取公共的素数因子，取其次幂较小的那个作为素数的次幂即可。

比如a=729，b=393，数a和b肯定不是2的倍数，但是均为3的倍数。因为a和b的3位数字相加为3的倍数，这是3的倍数的典型特点。而5的倍数的最后一位必为5或0，2的倍数最后一位为偶数。如果实在不好找因数怎么办？我们可以逐个试小于$a/2$的素数，看这些素数是否为a的因数。素数的定义见上一节。50以内的素数有：2，3，5，7，11，13，17，19，23，29，31，37，41，43，47。

$726=3\times2\times11^2$，$393=3\times131$，两个数的公因数为素数3，且3的最低次幂为1，因此726和393的最大公因数为3。要求把这两个数分解为素数的乘积，即$n=p_1^{a_1}p_2^{a_2}\cdots p_m^{a_m}$，其中$p_1,p_2,\cdots,p_m$皆为素数，$a_1,a_2,\cdots,a_m$为该素数的次幂。那么131为什么不再分解了呢？因为它是素数。怎么知道它是素数呢？求出131的一半然后取整为65，用小于65的素数逐一去除131，发现都不能整除，因此131为素数。还有很多方法可以判断一个数是否为素数。

再举个例子。求1280和250的最大公因数。先把1280和250因数分解，$1280=2^8\times5$，$250=2\times5^3$。公共的素数因数分别为2和5，分别取它们在这两个式子中的最低次幂1和1，因此最大公因数为$2^1\times5^1=10$。这就是因数分解法。如果需要因数分解的数比较大，不太容易分解，我们可以采用辗转相除法。

辗转相除法也称欧几里得算法，还是以求729和393的最大公因数为例。

$$726=1\times393+333$$

$$393=1\times333+60$$

$$333=5\times60+33$$

$$60=1\times33+27$$

$$33=1\times27+6$$

$$27=4\times6+3$$

$$6=2\times3$$

因此3为726和393的最大公因数。

下面用最大公因数来解决瓷砖的大小问题。卫生间长为2.4米，宽为1.8米，最大公因数为0.6米，因此选60厘米×60厘米的瓷砖即可。

生成随机数——乘同余法

我们经常听到这样一句话：公平起见，随机挑选一个人。到底是哪一个呢？要使每个人被选到的机会都是一样的，就要把每个人都编上号码，随机选取一个号码。那么使用什么方法能自己生成随机数呢？我们下面研究乘同余法。

线性同余发生器是一种伪随机序列生成器算法，由莱默（Lehmer）于1951年提出，包括混合同余和乘同余两种，为最知名的伪随机序列生成器算法之一。为什么是伪随机呢？因为通过某种算法，获得的随机值并不是真正的随机数。即计算机不会产生绝对随机的随机数。若想获取真正的随机数，可以通过物理实验的方法，比如抛硬币实验时，令正面向上为1，反面向上为0，可以得到0与1的一系列随机数。如果想获得1~6的随机数，可以通过掷骰子实验得到一系列1~6的随机数。而彩票开奖是利用搅盘搅拌号码数，获得随机数字。

乘同余法的迭代公式为：

$$\begin{cases} x_{i+1} \equiv (a \times x_i + c) \bmod n \\ r_i = x_i \bmod n \end{cases}$$

其中a，c，n为常数，a称为乘因子，mod$n$表示取出的整数在0至n-1之间。初值可以自行选择，但是不同的初值对应的随机数序列可能会不同。

假设初值x_0为1，乘因子a为4，c为1，n为9。使用乘同余法求生成的随机数序列。

下面进行迭代。

$$\begin{aligned}
&x_1 = 4 \times 1 + 1 \equiv 5 \bmod 9 \\
&x_2 = 4 \times 5 + 1 \equiv 3 \bmod 9 \\
&x_3 = 4 \times 3 + 1 = 13 \equiv 4 \bmod 9 \\
&x_4 = 4 \times 4 + 1 = 17 \equiv 8 \bmod 9 \\
&x_5 = 4 \times 8 + 1 = 33 \equiv 6 \bmod 9 \\
&x_6 = 4 \times 6 + 1 = 25 \equiv 7 \bmod 9 \\
&x_7 = 4 \times 7 + 1 = 29 \equiv 2 \bmod 9 \\
&x_8 = 4 \times 2 + 1 = 9 \equiv 0 \bmod 9
\end{aligned}$$

$$x_9 = 4\times 0 + 1 \equiv 1 \bmod 9$$
$$x_{10} = 4\times 1 + 1 \equiv 5 \bmod 9$$

因此生成的随机序列为1，5，3，4，8，6，7，2，0。同一个数字出现需要9次，即所有数字都出现一次，才会循环出现。9称为周期，也就是满周期，即一共9个数。

只有生成满周期的随机数序列才能接近真正的随机数。由于算法固定，这种重复一定会发生。至于在第几位发生，取决于a，c，n的选择。为了让生成的伪随机数更接近于真正的随机数，选择合适的参数值是关键。

二进制

我们从小学习数学，使用的是十进制，计数规则为“逢十进一”，比如5+6=11。小朋友计算加法时，也是从数手指头开始。在以后的数学学习中，我们感觉十进制非常简单和方便，这是因为我们习惯了。就像习惯使用安卓系统的人在刚开始使用ios系统时觉得不方便，很大程度上只是还不适应罢了。反之亦然。

在数字进位中，不仅有十进制，还有二进制、八进制、十二进制、十六进制等。二进制使用的数字只有0和1，采用的计数规则为“逢二进一”。二进制便于表示两种状态，要么是1，要么是0，比如开和关，通电和断电，逻辑的状态为真和假等。在计算机中，数据以二进制的形式进行存储和运算。我们编写程序时，输入的是字母等，这些内容需要经过编译后变为二进制才能为计算机所识别。

二进制和十进制可以很容易地相互转化。二进制数1000010，从右到左分别为2的0次幂、1次幂，以此类推。将其转化为10进制的方法为$1\times2^6+0\times2^5+0\times2^4+0\times2^3+0\times2^2+1\times2^1+0\times2^0=66$。那么66怎么转化为二进制呢？

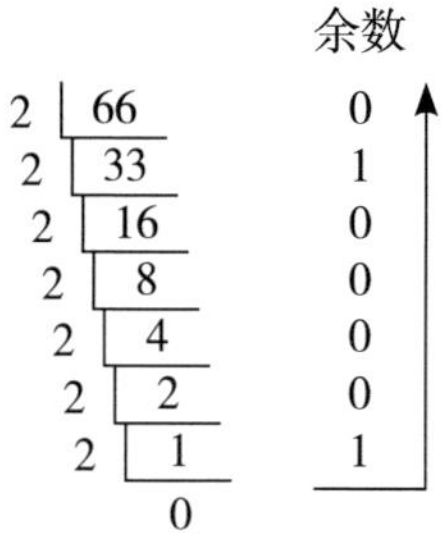

		余数
2	66	0
2	33	1
2	16	0
2	8	0
2	4	0
2	2	0
2	1	1
	0	

对十进制数不断取余，然后以从后往前的顺序排列余数，即可将十进制数转换为二进制数。

十六进制也是计算机中经常使用的一种进制，它表示数字非常简洁，使用的数字和符号为0~9，A~F共16个（A是10，B是11，…，F是15）。比如十进制数103，转换为二进制为1100111，再转换为十六进制也非常简单，从后向前每四个为一组，分为两组：0110（位数不够前面补零）和0111，再把两组二进制数转换为十进制，为6和7，因此十进制数103转换为十六进制为67。注意，不能读作“六十七”，要读作“六七”。再如，十六进制数AF，A表示的是10，转换为二进制是1010，F表示的是15，转换为二进制是1111，合并起来为10101111。可以看出，二进制和十六进制非常容易相互转换。十六进制数转换为十进制，可以这样计算：$10\times16+15=175$。

背包问题

背包问题（knapsack problem）是一种组合优化问题。问题可以描述为：给定一组物品，每种物品都有自己的重量和价格，要把物品放在容量有限的背包中，因为背包能容纳的物品的数量和总重量是有限的，选择哪些物品放入背包中，才能使物品的总价格最高？背包问题出现在商业、组合数学、密码学和应用数学等领域中。该问题由默克尔（Merkle）和赫尔曼（Hellman）在1978年提出。

去超市购买东西，发现有这样的促销活动：超市提供了一些商品供顾客选择，这些物品重量不等、大小也不等，顾客每样商品最多可拿一个，放到超市配备的背包中，背包承重有限，不能超重，最终按照背包的个数计费。如果我们参加这种促销活动，肯定会先选择价钱最贵的。

假设物品的重量和价格如下：

物品	A	B	C	D	E	F
重量（斤）	3	2	5	1	6	4
价格（元）	6	5	10	2	16	8

背包的最大承重为20斤，试选择物品，使背包中的物品总价最高。

按照高价优先的原则，依次选择物品E、C、F。到目前为止，重量为6+5+4=15斤，价格为16+10+8=34元。后面再选择物品时要注意不能超过5斤，因为背包的承重极限为20斤。此时物品A和B的重量的和为5斤，价格为6+5=11元，恰好满足要求。而且当我们去尝试组合物品A、D和B、D时，价格会比11元低一些。因此选取的最优物品组合为A、B、C、E、F。

还有一类更简单的问题：不考虑价格，只考虑重量，要求选取物品的总重量为20斤。物品A~F按照重量从小到大排序如下表所示。

物品	D	B	A	F	C	E
重量（斤）	1	2	3	4	5	6

分别用x_1，x_2，x_3，…，x_6表示这6个重量（从小到大），用m_i表示是否选取第i件物品，$m_i=1$表示选取了第i件物品，$m_i=0$表示未选取第i件物品。问题转化为求m_1，m_2，m_3，…，m_6，使$m_1x_1+m_2x_2+m_3x_3+m_4x_4+m_5x_5+m_6x_6=20$。首先考虑$m_6$，如果不选$x_6$，其他物品的重量之和达不到20斤，所以必须选择$x_6$，即$m_6=1$。再看$m_5$，如果不选$x_5$，其他物品的重量之和达不到20-6=14斤，所以必须选择x_5，即$m_5=1$。再看m_4，如果不选x_4，其他物品的重量之和达不到14-5=9斤，所以必须选择x_4，即$m_4=1$。同理$m_3=m_2=1$，此时已经选购了20斤，选择停止，即我们选择的物品为A、B、C、E、F。

这个例子比较特殊，是可以求出解的，但并非所有数据都能像这个例子一样求出解。如果数据序列满足超递增这个特性，就可以保证该问题一定有解。所谓超递增，指的是第i个数据比前面$i-1$个数据的和还要大。比如，1，2，4，8，16，32，64这个序列就是超递增的。我们来解决这种问题。求m_1，m_2，m_3，…，m_7，使$m_1x_1+m_2x_2+m_3x_3+m_4x_4+m_5x_5+m_6x_6+m_7x_7=93$，其中$x_1=1$，

x_2=2，$x_3=4$，$x_4=8$，$x_5=16$，$x_6=32$，$x_7=64$。按照刚才解决问题的思路，首先考虑m_7，如果不选x_7，其他数据的和达不到93，所以必须选择x_7，即$m_7=1$。再考虑m_6，如果选x_6，64+32=96超过了93，所以不能选择x_6，即$m_6=0$。考虑m_5，如果不选x_5，其他数据的和达不到93−64=29，所以必须选择x_5，即m_5=1。考虑m_4，如果不选x_4，其他数据的和达不到29−16=13，所以必须选择x_4，即m_4=1。考虑m_3，如果不选x_3，其他数据的和达不到13−8=5，所以必须选择x_3，即m_3=1。以此类推，$m_2=0$，$m_1=1$。

默克尔和赫尔曼曾在1978年使用刚才讲的只考虑重量的背包问题，提出背包公钥密码体制。

高中选科和赋分

前一阵子，孩子的班主任发了一个通知，列出了20个高中科目的组合，让家长和孩子选择一种组合，作为高考考试科目。看了通知上的20个组合，我的第一反应是怎么这么少？难道是学校砍去了一些组合吗？为什么有这种想法呢？因为在听讲座时，专家提到学校可能会砍掉一些选课人数非常少的组合。有了这个前提后，我下意识地就觉得组合数量不对。到底有多少种选科组合呢？从6门课中选择3门，考虑顺序的话，组合数为$6\times5\times4$，若不考虑顺序（其实不需要考虑顺序，物化生和物生化没有任何区别），则可用组合公式计算，$C_6^3=\frac{6!}{3!(6-3)!}=20$。也就是说，学校已经把所有的组合都列出，让学生选择。

高考中，语文、数学、英语是必考的，为原始分。而对自行选择的3门课程采取赋分制。有的人赋分后成绩增加了，有的人赋分后成绩下降了，这就要看在本省考同一门课的人中，你的成绩所占的档次。

根据山东省教育考试院公布的消息，赋分的规则为：

（1）山东高考6选3科目的卷面分和等级赋分满分均为100分；

（2）赋分等级分为A、B+、B、C+、C、D+、D、E这八个等级；

（3）每个等级分别占据该科目总人数的3%、7%、16%、24%、24%、16%、7%、3%，其所对应的赋分区间分别为91~100分，81~90分、71~80分、61~70分、51~60分、41~50分、31~40分、21~30分。

而等级赋分计算公式为：

$$\frac{\text{该区间原始成绩的最高分}-\text{原始分}}{\text{原始分}-\text{该区间原始成绩的最低分}}=\frac{\text{等级赋分区间最高分}-x}{x-\text{等级赋分区间最低分}}$$

其中，x为赋分。

张同学物理考了87分，他的成绩的赋分等级为A，说明他的成绩在山东省所有参加物理考试的同学的成绩中排名前3%。赋分区间为91~100分，即等级赋分区间最高分为100分，等级赋分区间最低分为91分。说明只要成绩在前3%，赋分的最低成绩为91分。全省物理成绩原始分最高分为98分，赋分为100分。等级A的最低分为85分，赋分为91分。现在我们看张同学的赋分成绩为多少。代入赋分公式，有$\frac{98-87}{87-85}=\frac{100-x}{x-91}$，计算得张同学的赋分为92.4分，赋分成绩高于原始成绩。

王同学物理考了40分，他的成绩的赋分等级为D，说明他的成绩在山东省所有参加物理考试的同学的成绩中相对较差。赋分区间为31~40分，即等级赋分区间最高分为40分，等级赋分区间最低分为31分。全省物理成绩原始分该等级内最高分为43分，赋分为40分。最低分为30分，赋分为31分。现在我们看王同学的赋分成绩为多少。代入赋分公式，有$\frac{43-40}{40-30}=\frac{40-x}{x-31}$，计算得王同学的赋分为37.9分，赋分成绩低于原始成绩。

山重水复疑无路，柳暗花明又一村

如果在高速公路上30分钟内看到一辆车开过的概率是0.95，那么在10分钟内看到一辆车开过的概率是多少？据说这是某公司招聘的一道面试题。

首先，这道问题的答案绝对不是$0.95 \div 3 \approx 0.32$。直观上讲，答案太简单了，不符合面试题的难度；然后从概率角度研究，这个答案也是不正确的。设在10分钟内看到一辆车开过的概率是p，那么在30分钟后看到一辆车开过有如下几种可能：3个10分钟内只看到1辆车（3个10分钟中只有1个10分钟看到车辆通过），看到2辆车（3个10分钟中有2个10分钟看到车辆通过，有3种可能），看到3辆车（3个10分钟内均看到车辆通过）。假设每10分钟内能否看到一辆车开过是独立的，则有 $3p(1-p)^2+3p^2(1-p)+p^3=0.95$，解出$p$的值。

另一个思路。从对立角度看，30分钟内没有看到车开过，这就意味着3个10分钟内都没有看到车开过。假设10分钟内能否看到一辆车开过是独立的，则3个10分钟内都没有看到车开过的概率为 $(1-p)^3=0.95$，解出p=0.368，那么10分钟内看到一辆车开过的概率为1–0.368=0.632。逆向思维非常重要。

另一个问题：2的64次方是多少？看到这道题，你的第一反应或许是打开计算器。可是当你手里没有计算器时该怎么办呢？在计算机中，1个位（bit）=1个1代码或0代码，1个字节（Byte）=8位（bit），1K=2^{10}=1024B，1M=2^{10}K，1G=1024M=2^{20}K，1T=1024G=2^{30}K。这里面的B表示字节。我们电脑的机械硬盘现在的容量单位大都是G或者T了。这么算，2^{64}=（2^{10}）$^6\times 2^4$，结果为16TT，结果太大，太烧脑了。其实可以转换一下思路，使用二进制表示2的64次方即可。只需在纸上写下一个1，然后在后面添加0。那么添加多少个0呢？2转换为二进制是10，4转换为二进制是100，8转换为二进制是1000，因此2的64次方转换为二进制就是在1后面加上64个0。

从上面两个问题可以看出，当此路不通时，不需要一条路走到黑，只要换一个思路，就能柳暗花明又一村。

只要功夫深，铁杵磨成针

号称“遗传学之父”的奥地利生物学家孟德尔，为了研究植物的遗传规律，种植豌豆进行了长达8年之久的杂交实验。他使用纯种黄色圆粒豌豆和纯种绿色皱粒豌豆作亲本进行杂交，最后得出结论：黄色圆粒、黄色皱粒、绿色圆粒、绿色皱粒的数量比为9∶3∶3∶1。他虽然成功地得出了结论，但是一直到他去世后20年，他的论文才被人认可。要想成功，就得有耐心。只要功夫深，铁杵磨成针。上数学课时，老师总是和学生强调：要多做题。为什么要多做题？“无他，惟手熟尔。”只要有理想，并积极地为实现理想做准备，付出努力，成功的希望是非常大的。只有想法而不去做，想法就只是空想。

为了得出抛硬币实验的规律，蒲丰、德摩根等人做了成千上万次抛硬币实验，才得出质地均匀的硬币正面朝上的概率为0.5。即使一次成功的概率非常低，不妨设为0.1，那么经过20次尝试，至少有一次成功的概率为多少呢？假设每次能否成功是独立的，那么至少有一次成功的对立面是20次尝试都未成功，而都未成功的概率为$(1-0.1)^{20}\approx0.12$，所以至少有一次成功的概率为1–0.12=0.88。概率由0.1变为0.88。随着尝试次数的增加，至少有一次成功的概率就逐渐增大，最后有很大的可能取得成功！笔者听说有人曾经坚持考研8年，最后成功上岸，这种精神非常可嘉。当然，这里不是说非得考研，就业也很好，毕竟条条大路通罗马。

士别三日，当刮目相待

一提到微积分，我们就会想到牛顿–莱布尼兹公式，因为我们使用该公式来计算微积分。那么牛顿是最早研究微积分的人吗？其实，从古希腊时代开始，数学家们就已经利用微积分的思想处理问题了，比如阿基米德、刘徽等人，在处理与圆相关问题时都用到了这种思想。魏晋时期的数学家刘徽提出了“割圆术”，从直径为2尺的圆内接正六边形开始割圆，依次得正十二边形、正二十四边形……割得越细，正多边形面积和圆面积之差越小。“割之弥细，所失弥少，割之又割，以至于不可割，则与圆周合体而无所失矣”，这是极限的思想。

微积分体现了从量变到质变。微分是微小的改变。以直线代替曲线，从有限到无限，把曲边梯形划分为无数的小矩形，以直代曲，把无数小矩形的面积累加，求极限，最后得到了曲边梯形的面积，使用积分形式表示，实现了质的飞跃。

“士别三日，当刮目相待”，这个典故出自《三国志》。吴国的吕蒙擅长打仗，但是因为小时候未读过书，被文臣所诟病。孙权劝他多读书，开阔视野，于是他便努力读书。两年后，鲁肃和吕蒙交谈，发现吕蒙分析军事形势时，引经据典，很有见地，吃惊地说：你已非吴下阿蒙！

不能用老眼光看待人和事物，要用动态的眼光看问题。有的人曾经红极一时，广告做得满天飞，现在却销声匿迹。有人一开始默默无闻，突然就一飞冲天。这些变化来得迅疾无比，但其背后的努力或懈怠，都不是一朝一夕就能完成的，需要长时间的沉淀累积。鲁迅先生曾言：“哪里有天才，我是把别人喝咖啡的工夫都用在工作上的。”这样的工作态度才孕育了一本本的著作。